◎ 河南省科技攻关计划
◎ 河南省新型墙体材料专项基金项目
◎ 河南城建学院科研能力提升项目

U0170077

多源固废协同制备泡沫玻璃技术研究

王继娜　著

中国建材工业出版社

图书在版编目（CIP）数据

多源固废协同制备泡沫玻璃技术研究/王继娜著
. --北京：中国建材工业出版社，2021.10
ISBN 978-7-5160-3330-2

Ⅰ.①多⋯　Ⅱ.①王⋯　Ⅲ.①泡沫玻璃—制备—研究
Ⅳ.①TQ171.72

中国版本图书馆 CIP 数据核字（2021）第 206016 号

多源固废协同制备泡沫玻璃技术研究

Duoyuan Gufei Xietong Zhibei Paomo Boli Jishu Yanjiu

王继娜　著

出版发行：中国建材工业出版社

地　　址：北京市海淀区三里河路 1 号
邮　　编：100044
经　　销：全国各地新华书店
印　　刷：北京鑫正大印刷有限公司
开　　本：787mm×1092mm　1/16
印　　张：10
字　　数：120 千字
版　　次：2021 年 10 月第 1 版
印　　次：2021 年 10 月第 1 次
定　　价：**50.00 元**

前　　言

党的十八大以来，我国把资源综合利用纳入生态文明建设总体布局，2019 年大宗固废综合利用率达到 55%，比 2015 年提高 5 个百分点。"十三五"期间，累计综合利用各类大宗固废约 130 亿 t，减少所占用的土地超过了 100 万亩（1 亩＝666.67m²，下同），提供了大量资源综合利用产品，资源环境和经济效益显著。但是受资源禀赋、能源结构、发展阶段等因素影响，未来我国大宗固废仍将面临产生强度高、利用不充分、综合利用产品附加值低的严峻挑战。

"十四五"时期是我国开启全面建设社会主义现代化国家新征程的关键时期，建材工业发展将由"增量扩张"转向"提质增效"。"十四五"规划纲要提出，推广绿色建材、装配式建筑和钢结构住宅，建设低碳城市，推进建材等行业绿色化改造。因此，多源固废协同制备绿色建材已引起我国政府高度重视。

泡沫玻璃作为新型保温隔热材料，容易切割，施工简单、安全、方便，在建筑业中得到认同和关注。本书研究了多源固废协同制备泡沫玻璃技术，将粉煤灰、煤矸石、硅灰、生活垃圾焚烧灰渣分别与赤泥和废玻璃协同处置，制备泡沫玻璃，系统研究了配方、制备工艺、发泡剂、稳泡剂及助熔剂对泡沫玻璃性能的影响，并研究了保温装饰一体化泡沫玻璃墙板的制备工艺。

过去的 5 年中，在河南省科技攻关计划"基于绿色建筑的保温装饰一体化泡沫玻璃墙板制备技术研究"（172102210177）、河南省新型墙体材料专项基金项目"利用生活垃圾焚烧灰渣制备保温装饰一体化泡沫玻璃墙板关键技术研究"和河南城建学院科研能力提升项目的资助下，笔者在固废的协同处置、泡沫玻璃生产关键技术等方面进行了系统深入研究，本书是以上工作的阶段性总结成果。

本书共 7 章，内容包括：墙体保温材料的现状、材料性能、赤泥-硅灰基泡沫玻璃的制备、赤泥-粉煤灰基泡沫玻璃的制备、赤泥-煤矸石基泡沫玻璃的制备、赤泥-生活垃圾焚烧灰渣基泡沫玻璃的制备、泡沫玻璃保温层和装饰层的一体化制备工艺。

本书由河南城建学院王继娜基于课题研究成果编撰完成，在研究的过程中，得到了冉旭鹏、宋文超、贾建阔、周蒙、王园园、姚兰、邵杰等学生在试验工作上的协助，得到了徐开东教授、李志新副教授、娄广辉教授级高工等专家的指导，在此表示衷心感谢。同时，对在编写过程中参考的大量文献资料的专家学者们一并致谢。

由于作者水平有限，书中难免有不足之处，恳请专家和读者批评指正。

作　者
2021 年 8 月于平顶山

目　　录

1　墙体保温材料的现状 ……………………………………………………… 1

2　材料性能 ……………………………………………………………………… 7
　2.1　赤泥 …………………………………………………………………… 7
　2.2　粉煤灰 ………………………………………………………………… 9
　2.3　煤矸石 ………………………………………………………………… 9
　2.4　硅灰 …………………………………………………………………… 10
　2.5　生活垃圾焚烧灰渣 …………………………………………………… 10
　2.6　其他材料 ……………………………………………………………… 11

3　赤泥-硅灰基泡沫玻璃的制备 …………………………………………… 12
　3.1　赤泥和硅灰的资源化利用研究现状 ……………………………… 12
　3.2　试验方法 ……………………………………………………………… 16
　3.3　赤泥-硅灰基泡沫玻璃制备工艺研究 ……………………………… 21
　3.4　发泡剂对赤泥-硅灰基泡沫玻璃性能的影响 …………………… 25
　3.5　稳泡剂对赤泥-硅灰基泡沫玻璃性能的影响 …………………… 28
　3.6　助熔剂对赤泥-硅灰基泡沫玻璃性能的影响 …………………… 30

4　赤泥-粉煤灰基泡沫玻璃的制备 ………………………………………… 34
　4.1　粉煤灰的资源化利用研究现状 …………………………………… 34
　4.2　试验方法 ……………………………………………………………… 36
　4.3　赤泥-粉煤灰基泡沫玻璃制备工艺研究 ………………………… 38
　4.4　发泡剂对赤泥-粉煤灰基泡沫玻璃性能的影响 ………………… 43
　4.5　稳泡剂对赤泥-粉煤灰基泡沫玻璃性能的影响 ………………… 47
　4.6　助熔剂对赤泥-粉煤灰基泡沫玻璃性能的影响 ………………… 50

5　赤泥-煤矸石基泡沫玻璃的制备 ………………………………………… 53
　5.1　煤矸石的资源化利用研究现状 …………………………………… 53
　5.2　试验方法 ……………………………………………………………… 54
　5.3　赤泥-煤矸石基泡沫玻璃制备工艺研究 ………………………… 58

5.4 发泡剂对赤泥-煤矸石基泡沫玻璃性能的影响 ······· 62

5.5 稳泡剂对赤泥-煤矸石基泡沫玻璃性能的影响 ······· 65

5.6 助熔剂对赤泥-煤矸石基泡沫玻璃性能的影响 ······· 67

6 赤泥-生活垃圾焚烧灰渣基泡沫玻璃的制备 ······· 69

6.1 生活垃圾焚烧灰渣的资源化利用研究现状 ······· 69

6.2 试验材料及方法 ······· 71

6.3 生活垃圾焚烧灰渣的基本性能及环境安全风险评价 ······· 78

6.4 材料预处理方法及工艺参数对泡沫玻璃形貌的影响 ······· 81

6.5 生活垃圾焚烧灰渣与发泡剂的匹配性研究 ······· 85

6.6 生活垃圾焚烧灰渣基泡沫玻璃制备工艺研究 ······· 94

6.7 材料组成对泡沫玻璃性能的影响 ······· 97

7 泡沫玻璃保温层和装饰层的一体化制备工艺 ······· 105

7.1 试验方法 ······· 105

7.2 赤泥-硅灰基泡沫玻璃保温层与装饰层适应性研究 ······· 109

7.3 赤泥-粉煤灰基泡沫玻璃保温层与装饰层适应性研究 ······· 116

7.4 赤泥-煤矸石基泡沫玻璃保温层与装饰层适应性研究 ······· 124

7.5 赤泥-生活垃圾焚烧灰渣基泡沫玻璃保温层与装饰层适应性研究 ······· 131

参考文献 ······· 143

1

墙体保温材料的现状

随着我国资源能源压力的日益增大，生态环境持续恶化，建设资源节约、环境友好型社会已成普遍共识。在政府制定的中长期节能规划中，建筑业被列为节能环保的重点行业。建筑材料是建筑业的物质基础，节能建筑离不开节能建材，因此，走节能利废环保建材之路，大力开发和应用各种高品质的节能建材和绿色建材，是降低能耗、节约能源、保护生态环境的迫切要求，是建材行业转型升级、结构调整和提质增效的必然选择，是实现建筑节能的前提和根本途径，对实现经济社会的可持续发展具有重大现实和深远的意义。

我国地域广阔，大部分区域夏热冬冷特征显著。北方建筑保暖、南方建筑隔热，是实现建筑节能的重中之重。在"十二五"期间规模化实施既有居住建筑节能改造的基础上，2016年，《国务院关于印发"十三五"节能减排综合工作方案的通知》（国发〔2016〕74号）印发，强调"强化既有居住建筑节能改造，实施改造面积 5 亿 m² 以上，2020年前基本完成北方采暖地区有改造价值城镇居住建筑的节能改造"。同年，《关于印发〈"十三五"全民节能行动计划〉的通知》（发改环资〔2016〕2705）印发，强调深入推进既有居住建筑节能改造，因地制宜提高改造标准，开展超低能耗改造试点。《住房城乡建设部关于印发建筑节能与绿色建筑发展"十三五"规划的通知》（建科〔2017〕53号）明确提出：到2020年，城镇新建建筑能效水平比2015年提升20%，部分地区及建筑门窗等关键部位建筑节能标准达到或接近国际现阶段先进水平；城镇新建建筑中绿色建筑面积比重超过50%，绿色建材应用比重超过40%；完成既有居住建筑节能改造面积 5 亿 m² 以上，公共建筑节能改造 1 亿 m²，全国城镇既有居住建筑中节能建筑所占比例超过60%。这些都对绿色建材提出了更高的要求。

目前，建筑保温材料主要有岩棉矿物棉制品、玻璃棉制品、新型膨胀珍珠岩保温系统、聚苯颗粒保温砂浆、聚苯乙烯泡沫板、聚氨酯泡沫板、硅酸盐复合浆料等。总体来说，我国墙体保温材料技术水平较低、种类较少、产品档次较低。由于保温性能好、吸水率低、施工方便等特点，90%以上节能建筑的外墙保温材料为有机绝热材料，如挤塑聚苯乙烯泡沫塑料、模塑聚苯乙烯泡沫塑料（EPS）、硬质聚氨酯泡沫塑料（PU）等。

但是，有机保温材料大多属于可燃、易燃材料，不耐高温，一旦建筑物发生火灾，火势很可能沿保温围护结构的外立面迅速蔓延。其中最引人关注的教训当数中央电视大楼火灾。2009年2月9日，中央电视台新址北配楼发生火灾，火灾现场勘察表明，大楼虽然由燃放烟花引发，但大楼采用的挤塑板保温材料在大楼表面过火极快，火势急速蔓延。有机保温材料，有的在 100℃ 左右就软化，一旦发生火灾，将会迅速扩大火势，且难以有效施救，另外，这些有机保温材料在燃烧过程中还会释放出有毒气体，比如聚氨酯在燃烧后会分解释放出 CO、HCN 等剧毒气体，这就大大降低了人员逃生的可能性，往往会造成严重的经济损失和人员伤亡事故。已建成的大量模塑聚苯乙烯泡沫塑料（EPS）、挤塑聚苯板（XPS）薄抹灰外保温建筑，因未设防火隔离带等有效的防火措施，仍存在严重的火灾隐患。此外，大量的工程实践表明，有机类保温材料的物理性能不稳定，在长期的温度、湿度作用下，易开裂、易脱落，耐久性差。实践中，聚苯板为主的有机类墙体保温材料的使用寿命仅为 10～15 年，显然不能与建筑物同寿命。特别是普遍使用的聚苯板薄抹灰和挤塑聚苯板保温系统，脱落和火灾的隐患已部分成为现实。

无机保温材料为 A 级不燃性材料。目前无机保温材料有矿岩棉、玻璃棉、加气混凝土、泡沫玻璃、泡沫水泥及粒状保温材料复合保温板和浆料等。相对于有机保温材料，无机保温材料的优点是显而易见的。无机保温材料有着低廉的价格，与建筑中常用水泥砂浆等材质的亲和性很好。其中以矿岩棉、膨胀珍珠岩制品、加气混凝土、泡沫水泥和泡沫玻璃为代表。加气混凝土和泡沫水泥的导热系数偏大，相比之下，矿岩棉、膨胀珍珠岩制品和泡沫玻璃作为无机保温材料，受到更多关注。矿岩棉在欧洲较多应用于以外贴保温板薄抹灰形式的外墙外保温系统，但国内的矿岩棉质量差、有毒性，无法满足人们对健康环保的要求，应用范围不大。

泡沫玻璃是一种轻质多孔的无机发泡保温隔热材料，其制造工艺是以废玻璃或粉煤灰、废渣等富含玻璃相的物质为基础原料，加入发泡剂、稳泡剂等添加剂，粉碎之后均匀制成配合料，放入特定模具中，经预热、熔融、发泡及退火等工艺制成的多孔玻璃材料。泡沫玻璃内部充满无数微小、均匀、连通或封闭的气孔，是一种均匀的气相和固相体系，具有导热系数小、热学性能稳定、不燃烧、不变形、使用寿命长、使用温度范围宽、吸水率低、吸声、不受虫害、易于加工切割及便于粘贴施工等优点。一般商用泡沫玻璃的性能指标：气孔率 80%～95%，表观密度 100～500kg/m³，抗压强度 0.4～6MPa，导热系数 0.035～0.139W/（m·K），膨胀系数 5×10^{-6}～10×10^{-6}，使用温度范围 -160～400℃，具有闭孔结构的泡沫玻璃的吸水率是其体积的 6%～9%。其中，表观密度和抗压强度可通过改变技术参数进行调整，是一种性能优越的隔热、吸声、防潮、防火的轻质建筑材料和装饰材料，被广泛用于保温隔热、吸声材料、轻质填充材料、轻质混凝土骨料、绿化用保水材料等。

2004 年以前，泡沫玻璃产品应用市场主要是工业保温行业，包括深冷和低温管道设备、容器与储罐，中温和高温管道设备，石油化工硫化生产过程，充分体现了泡沫玻璃独一无二的产品性能，具有不可替代的优势。美国康宁公司长期致力于该领域的发展，我国最初的泡沫玻璃生产企业也主要围绕该领域进行市场开拓。泡沫玻璃在 2001 年被列入国家《屋面工程技术规范》修改稿所推荐的屋面保温材料。2004 年以后，泡沫玻璃逐步在中国的建筑节能领域得到应用和推广，直至 2009 年央视大火之后，泡沫玻璃产业在中国实现了快速发展，泡沫玻璃在建筑节能与城市防火减灾方面得到了普遍认可和广泛应用。

随着科技发展水平的提高，出现了很多其他一些新型的隔热材料，但泡沫玻璃以其良好的安全性、可靠性以及稳定性在低温隔热吸声、防潮防火等各种工程领域占据越来越重要的地位。同时由于其很容易被加工成各种形状，能够满足不同的工程需要，因此具有很广泛的适应性。因而泡沫玻璃是固体废弃材料再生利用、再次实现经济价值并获得丰厚收益的优秀范例。

在工业化生产过程中，已产生大量赤泥、氧化铝尾矿、冶炼废渣、污泥及工业粉尘等固体废渣，且其排放量正以每年约 12 亿 t 的速度在递增。大部分被堆放在露天渣场或用于筑路、回填采空区等低价值层次方面，仅少部分被用于生产水泥、墙砖、硅酸盐砌块、加气混凝土等建筑材料，且引入的废渣种类和引入量都极有限。大量赤泥、氧化铝尾矿等工业固体废物的堆存必然占用大量土地，产生高昂维护成本；废渣的溢出或尾矿塌陷、滑坡等直接危害附近生命财产的安全；大量含氟、汞、砷、铬、铅、氰、硫等有害元素及放射性物质的有毒废渣在自然界的风化或侵蚀作用下，到处扩散，对土壤、水体和大气造成严重污染。

在目前资源节约型社会的倡导下，我国正大力倡导开发各种节能技术和材料，其中建筑材料作为一类使用消耗量巨大的材料正成为节能材料研究的一项重大课题。建筑用隔热保温泡沫玻璃材料的研制与应用已越来越受到世界各国的广泛重视。国外保温材料工业已经有很长的历史，建筑节能用保温材料占绝大多数，而新型保温材料也正在不断开发和涌现。同时，建筑用泡沫材料在爆炸或地震中因其具有相当含量的气孔结构，能够大幅吸收这些灾害中产生的巨大冲击波能量，从而减小其对人类及环境的损害。泡沫玻璃作为一种新型建筑保温材料，目前仍然存在原料来源单一、工艺路线复杂、生产成本高等制约发展的不利因素。

早在 1935 年，法国圣戈班公司（St. Gubain）发明了泡沫玻璃，其以平板玻璃为原料，借助耐火模具在其中进行加热，制成轻石状的材料。国内较早的报道是 1954 年李家治翻译的《泡沫玻璃及其工业生产》发表于《化学世界》杂志，文中指出 1932 年苏联首先提出了泡沫玻璃的生产，并研究和拟定了它的性质和应用范围，当时的泡沫玻璃以玻璃粉为原料，以焦炭为发泡剂。

二十世纪七十年代，日本以废搪瓷熔块和火山灰制备泡沫玻璃。而国内在二十世纪七八十年代，也陆陆续续研究了采用珍珠岩、黑曜石、熔岩、浮石等制备泡沫玻璃的方法，并探讨了泡沫玻璃的应用领域。九十年代开始将粉煤灰、工业废渣用于制备泡沫玻璃。

到了二十一世纪，泡沫玻璃的原材料逐渐丰富起来。

范征宇等人以旋风炉热电厂排出的增钙渣为主要原料，烧制开孔型泡沫玻璃。研究结果表明：在增钙渣过 180 目筛、发泡温度 1150℃的条件下，得到的泡沫玻璃开口孔率大于 40%，表观密度在 $220\sim310kg/m^3$，抗压强度介于 2.5～3.4MPa，颜色为淡黄色。

闵雁等人采用废玻璃配以其他辅助材料制备了泡沫玻璃，工艺流程包括预热、发泡、稳定和退火。

李广申等人利用废玻璃和高炉渣制备泡沫玻璃，研究结果表明掺加高炉渣的配合料比纯玻璃粉的配合料更易发泡，发泡温度更低；掺加高炉渣在 800～900℃ 都能制备出性能较好的泡沫玻璃，而且以 10% 的炉渣加入量最好。

方荣利等人采用粉煤灰制备泡沫玻璃，研究了两种制备方法：一种是将粉煤灰等原材料制备成玻璃，粉磨之后加入其他材料制备泡沫玻璃；另一种是直接混匀各种原料，一次烧成泡沫玻璃。研究结果表明粉煤灰∶碎玻璃∶石灰石∶磷酸钠或硼酸＝35∶53.5∶10∶1.5，配合料细度控制在 0.08mm 方孔筛筛余小于 5%，成型压力 3～5MPa，以 10～20℃/min 速率升温至 850℃，发泡 60min，再升温到 950℃，烧结 60min，可制备出性能优良的泡沫玻璃。

张召述等人采用铸造废砂制备泡沫玻璃，研究结果表明以水玻璃硅砂为硅质材料、水玻璃石灰石砂为发泡剂，与废玻璃和添加剂共用，采用烧结工艺可以制备出性能优良的泡沫玻璃。经过配方和工艺优化后制备出的材料性能如下：密度为 420kg/m³，抗压强度为 2.7MPa，抗折强度为 2.3MPa，导热系数为 0.059W/（m·K）。

成慧杰等人以 C 和 Sb_2O_3 组合作为发泡剂，通过粉末烧结发泡工艺制备了硼硅酸盐泡沫玻璃。结果表明：当发泡剂 C 的质量分数为 0.9%、Sb_2O_3 的质量分数为 8.1% 时，在 1200℃、保温 30min 条件下可以制备出平均孔径为 0.2～1.0mm、气孔分布较均匀的硼硅酸盐泡沫玻璃。

冯宗玉等人将油页岩渣作为主要原料，粉磨过 200 目筛，在 1250℃ 的高温下烧熔 90min 制得基础玻璃，再用基础玻璃粉来烧制微晶泡沫玻璃。试验结果表明，最佳的烧制工艺：发泡温度为 1080℃，发泡保温时间为 15min，升温速率为 14℃/min。XRD、FT-IR 及 SEM 的结果显示，制得的微晶泡沫玻璃主要晶相是普通辉石，次要晶相是钙长石，晶体表现为相互交织的纤维状结构，并且其机械强度高，同时具有良好的保温和隔热性能。

颜峰利用硼泥制备了泡沫玻璃和泡沫玻璃锦砖，在脱镁硼泥掺量为 35%～45%、玻璃锦砖层厚度为复合层厚度的 25% 时，复合材料的性能最佳。

周洁等人用锰铁渣和废弃玻璃作为原料，制备泡沫玻璃。试验结果表明：在锰铁渣掺量 15%，在发泡温度是 880℃ 且时间为 30min 的工艺条件下，制得性能较好的泡沫玻璃。它的体积密度为 407kg/m³，抗压强度为 5.79MPa。

宋强等人以粉煤灰和废玻璃为原料，通过正交试验和单因素试验，分析对比了在改变粉煤灰掺量以及工艺条件时，泡沫玻璃的性能发生的改变。试验显示，在粉煤灰掺加量为 20%，发泡温度选择 850℃，时间选择 20min 的条件下制得的泡沫玻璃综合性能最好，其导热系数＜0.07W/（m·K），体积密度＜300kg/m³，保温隔热性能良好。

李刚等将新疆本地的膨胀珍珠岩和废玻璃磨成细粉，过 200 目筛，使用粉末烧结方法来烧制珍珠岩泡沫玻璃。结果表明：随着珍珠岩掺量的变化，泡沫玻璃体积密度、吸水率、抗压强度和孔隙率变化较大。在膨胀珍珠岩的掺入量为 30%、发泡温度为 850℃、时间为 20min 的工艺条件下，制得的泡沫玻璃综合性能最好，能够较好地保温隔热。

武汉理工大学的戚昊等人以钼尾矿为原料制备了微晶泡沫玻璃，研究表明钼尾矿的

最佳掺入量为 40%，所制备微晶泡沫玻璃的密度为 $0.2kg/m^3$，导热系数为 $0.089W/(m\cdot K)$，气孔分布均匀，孔径为 $0.8\sim1.2mm$。

湖北工业大学的刘浩等人利用油井土和废玻璃制备了泡沫玻璃，结果表明随油井土含量的增加，所制备的泡沫玻璃孔隙率呈现出先增大后减小的规律。当油井土含量为 40% 时，泡沫玻璃的各项性能均衡，其孔隙率达到最高值 73.92%，抗弯强度达到 $1.92MPa$。

除此之外，国内研究的泡沫玻璃的原料还包括铁矿渣、钛尾矿、煤矸石、玄武岩纤维等，发泡温度集中于 $900\sim1200℃$。

国外对泡沫玻璃的制备也进行了深入的研究。

Bernardo E. 利用工业废弃物以及拆除的阴极射线管为原料来制备微孔和大孔的泡沫玻璃。微孔泡沫玻璃的孔径在微米级，基本为闭口孔，由于烧结时玻璃表面结晶，其孔隙率较低，在 50% 左右，但是抗断裂强度高，可以在建筑领域应用。大孔的泡沫玻璃相对密度低，基本为开口孔，经过晶化处理后机械性能得到提高，这种开口孔结构的泡沫玻璃能用在过滤设备中得到应用。

Fernandes H. R. 等人利用火电厂的粉煤灰和废玻璃粉作为主要原料烧制泡沫玻璃，发泡温度在 $850℃$，试验得到的泡沫玻璃体积密度在 $0.36\sim0.41g/cm^3$，抗压强度在 $2.4\sim2.8MPa$。

Mohamed E. 等人利用富铁铜渣和钠钙玻璃为原料烧制泡沫微晶玻璃。他们以 $10℃/min$ 的速率将混合料加热，发泡温度分别为 $800℃$、$850℃$、$900℃$、$950℃$ 及 $1000℃$，发泡 $25min$。试验结果表明，混合料在反应温度为 $950℃$ 时得到密度为 $0.18g/cm^3$ 的泡沫微晶玻璃，优化后的试样抗压强度能达到 $9MPa$。

A. Bashiri 等人研究了回收的钠钙玻璃粉磨为基体，硅酸钠作为发泡剂制备泡沫玻璃的工艺。研究结果表明，对于含有 20%（质量分数）水玻璃处理的样品在 $800℃$ 时，泡沫玻璃的体积密度和强度值分别为 $0.54g/cm^3$ 和 $(5.3\pm0.7)MPa$。

E. A. Yatsenko 等人采用石英砂、硅藻土、矿渣、蛋白土等天然材料，通过水热法制备泡沫玻璃，研究了 NaOH 溶液的添加对泡沫玻璃制备的影响。原材料干燥、粉碎后压入边长为 $20mm$、质量为 $10g$ 的立方体，并在马弗炉烧制 $1h$，发泡温度为 $800\sim900℃$。相比较，添加 NaOH 溶液，硅藻土比较适合制备多孔材料（泡沫玻璃）。

K. S. Ivanov 等人研究了泡沫玻璃陶瓷的机械化合成工艺。研究结果表明挤压工艺对泡沫玻璃的体积密度影响较大；提高升温速率可以降低泡沫玻璃的体积密度；掺入添加剂可以有效降低泡沫玻璃的体积密度。合理优化工艺，并通过控制添加玻璃粉和 NaOH 溶液，泡沫玻璃的体积密度为 $200\sim220kg/m^3$。

K. S. Ivanov 等人研究了硅藻土制备泡沫玻璃的工艺和性能。研究结果表明硅藻土和 40% NaOH 溶液在 $775℃$ 加热，制备出的泡沫玻璃体积密度为 $290\sim580kg/m^3$，抗压强度为 $1.7\sim7.8MPa$，导热系数为 $0.08\sim0.14W/(m\cdot K)$。其中，$90℃$ 时，无定型 SiO_2 开始从硅藻土中浸出，持续时间为 $30min$。碱金属硅酸盐可以促进泡沫玻璃的发泡，降低其体积密度。

B. S. Semukhin 等人研究了二氧化锆对泡沫玻璃的改性效果。研究结果表明，少量添加二氧化锆可以改善泡沫玻璃微晶的分布及孔结构，对泡沫玻璃的物理性能和力学性能是有益的。

N. P. Stochero 等人采用废弃玻璃瓶和松木鳞片制备泡沫玻璃。研究结果表明，制备混合料干燥（室温 24h、110℃ 24h）后压制（压力 20MPa）成型，850℃煅烧 30min，温度梯度 10℃/min，制备出的泡沫玻璃孔隙率为 78%～86%，导热系数为 0.072～0.093W/（m·K），抗压强度为 0.2～3.4MPa。

国外对采用大宗固废制备泡沫玻璃的研究主要是尾矿、冶金污泥、矿渣等。

综观国内外对泡沫玻璃制备原料及工艺的研究，天然材料、大宗工业固体废弃物例如粉煤灰、煤矸石、矿渣等都可以用来制备泡沫玻璃。但工业固废性能不稳定，而且有关赤泥制备泡沫玻璃的研究还未见报道。本研究以赤泥协同其他工业固废制备泡沫玻璃，以降低泡沫玻璃的制备成本，同时降低固废对环境的影响。同时，系统研究带装饰层的一体化泡沫玻璃墙板制备关键技术，以适应现代化装配式建筑的施工需求，适应建筑保温材料从短寿命、易燃、有毒的有机保温材料向无毒、环保、利废、与建筑物同寿命的无机保温装饰复合功能墙体材料的转变。

2

材料性能

2.1 赤　泥

赤泥是制铝工业提取氧化铝时排出的工业固体废弃物，因含氧化铁量大，外观与赤色泥土相似，故被称为赤泥。生产氧化铝与所需排放的赤泥的比例大约为 1.0∶1.5。截至 2020 年 7 月，世界氧化铝产量为 1.32 亿 t，其中，我国氧化铝年产量为 6918 万 t。目前，世界赤泥的平均利用率为 15%，但我国赤泥的综合利用率仅为 4%，而且生产的赤泥大部分采用陆上堆存处理。赤泥产量大且具有强碱性，其大量堆积不仅占用土地资源，还会导致严重的生态环境问题。

赤泥是一种不溶性残渣，可分为烧结法赤泥、拜尔法赤泥和联合法赤泥，主要成分为 SiO_2、Al_2O_3、CaO、Fe_2O_3 等，颗粒直径为 0.075~0.005mm，相对密度为 2.7~2.9，密度为 0.8~1.0g/cm³，熔点为 1200~1250℃。赤泥的 pH 很高，其中浸出液的 pH 为 12.1~13.0，氟化物含量 11.5~26.7mg/L；赤泥的 pH 为 10.29~11.83，氟化物含量为 4.89~8.6mg/L。

我国氧化铝厂生产的赤泥的主要成分见表 2-1。三种生产工艺生产的赤泥的矿物组成见表 2-2。

表 2-1　我国氧化铝厂生产的赤泥的主要成分

地区	Al_2O_3（%）	SiO_2（%）	Fe_2O_3（%）	CaO（%）	Na_2O（%）	TiO_2（%）
河南	25.48	20.58	11.77	13.97	6.55	4.14
广西	18.87	8.87	34.25	13.59	4.35	6.05
山西	10.50	22.20	6.75	42.25	3.00	2.55
山东	8.32	32.50	5.70	41.62	2.33	—

表 2-2 三种生产工艺生产的赤泥的矿物组成

序号	矿物成分	拜耳法	混联法	烧结法
1	一水软铝石（%）	21	1	—
2	钙长石（%）	20	2	5
3	铝硅酸钠（%）	20	4	4
4	硅酸二钙（%）	—	43	46
5	方解石（%）	19	10	14
6	钠长石（%）	0	8	7
7	钙钛矿（%）	15	12	4
8	氧化铁黄（%）	4	4	7
9	铁铝酸四钙（%）	0	12	6
10	黄铁矿（%）	0	—	1
11	其他（%）	1		1
	总计（%）	100	96	95

目前，赤泥的综合利用主要在建筑领域、环保领域和农业领域。

（1）建筑领域主要用来制作水泥、作为混凝土掺和料、制作砖材、用于道路材料和制备微晶玻璃等。

① 制作水泥。赤泥含有 $CaCO_3$、Al_2O_3 以及大量的硅酸盐，尤其是烧结法赤泥含有大量的 β-硅酸二钙，因此可以用来生产水泥。

② 作为混凝土掺和料。赤泥作为一种活性材料，可以作为改性剂用于混凝土中，提高混凝土基质的结构完整性，改善其性能。

③ 制作砖材。赤泥与黏土的成分相似，两者的物理性质非常近，近年来，研究人员以赤泥为主要原材料，制作了各种各样的砖材。

④ 用于道路材料。道路材料使用赤泥，可以减少石灰等不可再生材料的消耗，这也是一种大量消耗赤泥的良好方法。

⑤ 制备微晶玻璃。由于赤泥的化学组成与微晶玻璃相似，且传统方法中用于制备微晶玻璃的原材料比较贵，所以，近些年来用赤泥制备微晶玻璃引起了国内外大量研究人员的关注。

（2）环保领域主要用来进行废水处理和废气治理。

① 废水处理。赤泥具有比表面积大且孔隙率高的物理性质，经常用来作为低成本吸收剂来吸收废水中的无机阴离子、有毒重金属和有机物等。

② 废气治理。工业生产中会产生大量的包含 SO_x、NO_x 等的废气，赤泥具有良好的吸附性，含有丰富的碱性物质，其在处理工业废气方面有着广泛的应用前景。

（3）农业领域赤泥主要通过吸附土壤中的重金属元素来实现土壤修复。

此外，赤泥还用来回收有价金属、做催化剂等。

2.2 粉煤灰

粉煤灰是燃煤电厂煤粉燃烧后所产生的一种固体颗粒，属于大宗工业固体废渣之一，也称"飞灰"，排放量巨大。2016 年和 2017 年，我国粉煤的排放量分别达到 6.55 亿 t 和 6.86 亿 t，不仅造成环境污染，而且其中含有的重金属对植被、人体都有极大的危害。目前，国内外对粉煤灰的利用程度有所差异，2016 年全球粉煤灰产量约为 11.43 亿 t，平均利用率约为 60%，其中，中国、美国、欧盟、印度的利用率分别约为 70%、54%、90%、63%。

粉煤灰是一种灰色、白色或黑色的粒径不均匀的球状物，由结晶体、玻璃体和少量未燃炭组成，同时也是一种碱性含量高的氧化物，结构致密、化学性质相对稳定，粒径为 0.5~300μm。我国粉煤灰比表面积为 300~500m²/kg，平均密度相对较小，约为 2.1g/cm³，化学成分主要包含 Al_2O_3、SiO_2、Fe_2O_3、CaO、MgO、K_2O、SO_3 和未燃尽的炭，铅、镉、汞、砷等微量元素，以及镓和锗等稀有金属物质。

粉煤灰中矿物组成取决于原煤的成分，主要受到原煤的形成、沉积的地质条件、原煤中无机成分的组成特性的影响，包括非晶相和结晶相以及少部分炭粒。非晶相中含有大量的玻璃微珠和海绵状玻璃体，结晶相主要是莫来石（$3Al_2O_3 \cdot 2SiO_2$）、石英和赤铁矿等成分。同时，粉煤灰的矿物组成也受燃煤电厂的技术设备和运作条件等因素的综合影响。

现阶段，我国粉煤灰的综合利用途径主要涵盖建筑、农业、环境等领域。其中建筑工程占据了相当大一部分比例，包括制备粉煤灰加气混凝土、粉煤灰类混凝土空心砌块、水泥粉煤灰膨胀珍珠岩类混凝土保温砌块、粉煤灰类混凝土路面砖、粉煤灰砖、粉煤灰类陶粒和混凝土产品、粉煤灰类混凝土轻质隔墙板等。此外，粉煤灰还用在农业领域，用来改良土壤、制化肥、覆土造田等；用在环保领域可进行废水处理和废气处理；在分离回收方面还用来回收空心微珠、磁珠和炭；高附加值精细化方面用来合成沸石、提取稀有金属、制备陶瓷。

2.3 煤矸石

煤矸石是在成煤过程伴煤而生的一种废弃岩石，属于煤炭的一种共伴生矿物，在煤炭开采和洗选加工过程中成为一种工业固体废弃物。我国是全球煤炭开采量最大的国家。相关数据表明，煤矸石的产量约占煤炭产量的 10%，我国当前煤矸石的总积累量已超过 70 亿 t，且积累数逐年递增，成为我国积存量和年增量最大、占用场地最多的工业废弃物。煤矸石作为一种固体废弃物，存在着占用土地面积大、浪费土地资源、释放有毒气体、危害环境，有害矿物质、重金属污染水土等问题。在我国煤矸石积累量大、价格低廉，对煤矸石的综合利用成为研究的热点和重点，也是走资源节约型、环境友好型社会道路的必然选择。

煤矸石是由黏土岩类、铝质岩类、砂岩类、碳酸盐类等多种矿岩组成的混合物。不同的岩石含有不同的矿物组成，其岩石种类和矿物组成直接影响煤矸石的化学成分。煤矸石主要由无机质构成，其中含有少量有机质。无机质主要是矿物质和水。构成矿物质的主要成分为 SiO_2、Al_2O_3，另外含有数量不等的 Fe_2O_3、CaO、MgO、TiO_2、K_2O、Na_2O 等氧化物，以及微量的 Ti、V、Co 等过渡金属，此外，还含有 As、Pb、Cd、Hg、Cr 等有毒有害物质。煤矸石中有机质的主要元素为 C，其他为 H、O、N 和 S 等元素。

目前，我国煤矸石的资源化利用包括材料领域、建筑领域、能源领域、农业领域和工程领域等。材料领域主要用来制备复合光催化剂、制取化工产品、回收有用矿物；建筑领域主要用来制备混凝土骨料和陶瓷制备水泥熟料，制备水泥混合材料，制备特种水泥，制备砖等新型墙体材料、保温材料等建筑用材料；能源领域主要替代部分煤作为燃料来制备燃气或发电；农业领域用来改良土壤、复垦土地、制备育苗基质和培养基、制备肥料；工程领域用来直接回填或作为路基材料。

2.4　硅　　灰

硅灰又称凝聚硅灰或硅粉，为电弧炉冶炼硅金属或硅铁合金的副产品。在温度高达 2000℃下，将石英还原成硅时，会产生 Si 气体，在低温区再氧化成 SiO_2，最后冷凝成极微细的球状颗粒固体。硅灰成分中 SiO_2 含量高达 80% 以上，主要是非晶态的无定形 SiO_2。硅灰颗粒的平均粒径为 $0.1 \sim 0.2 \mu m$，比表面积为 $20000 \sim 25000 m^2/kg$，密度为 $2.2 g/cm^3$，堆积密度只有 $250 \sim 300 kg/m^3$。硅灰的火山灰活性极高，但因其颗粒极细，单位质量很轻，给收集、装运及管理等带来困难。

硅灰广泛应用于水泥、混凝土、陶瓷、化工、耐火材料、复合材料等领域。硅灰加入到水泥中可增强其使用性能，掺和到混凝土中可提高强度；此外，还可以用来制备陶瓷、做固态萃取剂和制备用于污染物降解的光催化活性材料。

2.5　生活垃圾焚烧灰渣

根据 2011 年中国环境年鉴，我国每日由焚烧处理的生活垃圾为 84940t/d，按焚烧后残余量为 20% 计算，每年产生的生活垃圾焚烧（MSWI）灰渣量可达 620 万 t 以上，主要包括底灰和飞灰。

飞灰是危险废物，这在国内外已达成共识。在瑞典、比利时等欧洲发达国家，MSWI 底灰不再是一般废物，而是具有潜在危害的危险废物。底灰在储存、处置和资源化的过程中可能受到环境影响导致重金属浸出性发生变化，对周围环境、人类健康构成威胁。因此研究灰渣的性质，妥善处置 MSWI 灰渣已经成为固体垃圾处理领域的热门方向。

焚烧底灰是指由炉床尾端排出的残余物，占灰渣总质量的80%左右，主要由黑色及有色金属、陶瓷碎片和砖头、玻璃碎块和其他不可燃物质及部分未燃尽有机物组成，通常具有刺激性气味。原状底灰一般呈黑褐色，风干后为灰色，颜色一般随着含碳量的增加而变深，形状通常是不规则的、带棱角的蜂窝状颗粒。底灰表面多为玻璃质，主要来源于垃圾中的玻璃、装修杂物、瓶子、陶瓷、砖块、金属、熔渣等，另外可能含有少量的有害物质。其压实密度约为 $1.2g/cm^3$，含水率与出渣设备有关，在 5%～25%。

MSWI 底灰的主要组成成分为 SiO_2、Al_2O_3、CaO、Fe_2O_3、MgO、Na_2O，以及少量的 K_2O、SO_3，主要晶相为 SiO_2。沸点较高、难挥发的元素以及高温易化合、难挥发的化合物比较容易富集在炉渣中，其中以 Si 元素为代表，其在底灰及炉排灰中所占比重达 30%～40%；Fe、Mg、Al、Ca 等难挥发且高温易化合元素也具有相同特点；K、Na 属易挥发元素，易富集于飞灰中，在底灰中所占的比重较小。新鲜底灰呈碱性，主要是由于底灰消火过程中会形成氢氧化钙，遇水溶于孔隙水中导致 pH 升高，为11～13，这也与饱和氢氧化钙溶液的 pH＝12.65 一致。除此之外，水铝矿、石膏也对底灰的 pH 有影响。底灰长时间暴露于空气中，会与空气中的水、CO_2 发生反应，生成碳酸盐类，使灰分 pH 降至 8～9，该过程称为自然风化（或老化）。

生活垃圾焚烧灰渣的资源化利用途径包括作为水泥混凝土的替代骨料、石油沥青铺装路面的替代骨料、填埋场覆盖材料、建筑填料等。

2.6 其他材料

除上述基体材料之外，制备泡沫玻璃用到的成分调整材料有废玻璃、废弃瓷砖等，黏结剂水玻璃，发泡剂碳酸钙、二氧化锰、九水硅酸钠、碳化硅、活性炭，稳泡剂磷酸三钠、无水碳酸钠，助熔剂硼砂和硼酸。

赤泥、粉煤灰、煤矸石、生活垃圾焚烧灰渣、废玻璃和废弃瓷砖均需采用球磨机粉磨，最终过 180 目标准筛（孔径为 0.088mm）。

3

赤泥-硅灰基泡沫玻璃的制备

3.1 赤泥和硅灰的资源化利用研究现状

3.1.1 赤泥的资源化利用研究现状

利用赤泥制备泡沫玻璃并将其应用于节能建筑符合国家节能利废产业政策，且能够大量消纳赤泥，减少赤泥堆存，在可预期的技术能力和水平内，是实现赤泥生态高值化利用的有效技术途径之一。

工业和信息化部 2011 年发布的《大宗工业固体废物综合利用"十二五"规划》指出，赤泥、煤矸石等大宗工业固体废弃物的综合利用是节能环保战略性新兴产业的重要组成部分，是实现工业转型升级的重要举措，是提供工业持续发展所需资源的重要途径，也是解决其不当处置与堆存所带来的环境污染和安全隐患的治本之策。国家"十二五"和"十三五"规划均明确将节能减排、绿色制造和循环经济作为国家社会和经济发展的重点。

赤泥堆存量大、利用率低。目前，赤泥的综合利用研究主要是提取有价金属、用于环境修复材料、工程塑料填料及生产烧结砖等方面，但也面临着严峻的问题，如提取有价金属成本高、用于环境修复会造成二次污染、生产烧结砖出现泛碱现象等。电解铝、氧化铝等相关产业的快速发展，导致赤泥堆积存量持续加大，是造成地下水体、土壤污染、雾霾频发、放射性超标等严峻生态问题的重要因素之一。2005 年我国赤泥的产生量为 1000 万 t，2010 年为 3000 万 t，2015 年产生量超过 3500 万 t，累积堆存量已超过 3 亿 t。截至 2020 年 7 月，世界氧化铝年产量为 1.32 亿 t，其中，我国氧化铝年产量为 6918 万 t。赤泥的堆存不仅污染水源，使土壤重金属离子超标，扬尘还会引起雾霾，严重破坏环境和生态。

赤泥综合利用是世界性难题。巴西是产生量最大的国家，其处理的方式主要是倾倒入海；其他国家主要用于生产水泥，如俄罗斯第聂伯铝厂利用拜耳法赤泥生产水泥，生料中赤泥配比可达 14%；日本三井氧化铝公司与水泥厂合作，以赤泥为铁质原料配入水泥生料，利用赤泥 5～20kg/t。我国山东铝厂早在建厂初期就对赤泥综合利用进行了研究，在二十世纪六十年代初建成了综合利用赤泥的大型水泥厂，利用烧结法赤泥生产普通硅酸盐水泥，水泥生料中赤泥配比年平均为 20%～38.5%，用量为 200～420kg/t。由于赤泥含碱量高，赤泥掺配量受到水泥含碱指标的制约，且对水泥窑也有一定的腐蚀，同时，赤泥具有的高放射性也限制了其大规模资源化利用。

随着全球自然资源的日趋紧张和人们环保意识的不断增强，铝土矿资源丰富且氧化铝生产大国如巴西、澳大利亚、印度和中国等国均出台了一系列促进赤泥综合利用的政策，也取得了一些有益的成果。国内外学者针对赤泥的资源化、生态化综合利用开展了大量的研究工作，提出了几十种关于赤泥综合利用的途径与方法，如生产水泥、混凝土用掺和料、生态砂浆、硫酸盐水泥砖、瓷砖、烧结砖、陶粒、微晶玻璃、微孔硅酸钙等建筑材料；用作铺筑路基、修建河坝、改良土壤等；利用赤泥制备无机化学材料、净水吸附剂等；回收赤泥中所含的 Al_2O_3、TiO_2、SiO_2、Na_2O、CaO 等氧化物及微量元素 K、Mg、Ni、Zr、Sc、REE、放射性元素等。总体来讲，上述现有的综合利用技术或方法要么停留在实验室研究阶段，要么存在着成本高、工艺复杂、经济效益差和二次污染等问题，且大部分技术对赤泥处理量小，与其排放量不成比例，到目前为止，在世界范围内还没有实现赤泥的大规模利用，其综合利用与资源化仍属世界性难题。

对赤泥进行资源化利用的瓶颈在于其具有强碱性和高放射性。无论是提取有价或稀贵金属元素，还是改性后应用于净水吸附领域，均面临着二次赤泥残渣的再利用问题。综合国内外的现有研究成果及实践表明，将赤泥用于建筑材料领域，是大规模综合利用赤泥的有效途径，已成为相关专家学者的共识。但赤泥的高碱特性尤其是天然放射性水平较高，已成为制约其在建筑材料等领域大规模综合利用的主要因素。赤泥的高放射性源于铝土矿自身伴生的放射性核素和微量元素如铀、钍-232、镭-226、钾-40 等，这些元素主要赋存于铝土矿伴生的锆石和独居石中，在氧化铝生产过程中，无论采用的工艺是拜耳法还是烧结法，铝土矿所伴生的锆石和独居石是没有变化的，90% 以上的放射性元素富集于赤泥中。经检测，我国铝土矿的放射性核素总比活度普遍在 4500～7500Bq/kg 的范围内，已显著超过国家标准的限制值 3700Bq/kg，而在氧化铝生产过程中其放射性核素和微量元素进一步浓缩和富集，造成赤泥的 α 比活度达 9500 Bq/kg 以上。我国《建筑材料放射性核素限量》（GB 6566－2010）规定建筑主体材料中天然放射性核素镭-226、钍-232 和钾-40 的放射性比活度同时满足内照射指数 $I_{Ra} \leqslant 1.0$ 和外照射指数 $I_r \leqslant 1.0$ 时，其产销与使用范围不受限制。根据当前的研究结果，可以看出国内主要氧化铝工业基地的赤泥放射性比活度明显超过国家建筑材料放射性核素限量的要求。

赤泥的高放射性已成为制约其在建筑材料等领域规模化应用的关键问题。通过采用一定的技术手段提取出赤泥中的铀、钍-232、镭-226、钾-40 等放射性核素，将是一条解决赤泥放射性问题的一劳永逸的技术途径。中国科学院地球化学所王宁研究员率领的团队研究了赤泥的天然放射性水平及在建材领域应用的制约性，并提出了利用重选、磁选等选矿原理从赤泥中分离出富含放射性元素的锆石和独居石的方案，从而解决赤泥在建材领域应用中的放射性问题。中国科学院"百人计划"入选者连宾研究员带领的团队采用生物萃取技术对赤泥中的放射性核素、稀土元素及重金属元素进行了浸取处理，结果显示，目前的生物萃取工艺已能将赤泥的放射性降低至国家标准要求，但萃取率和萃取效率仍有较大提升空间。

国内外学者对赤泥作为建材原材料的放射受限性进行了大量的研究工作，且取得了显著的成果。如匈牙利学者 Somlai 等人利用赤泥与黏土制备烧结砖，重点研究了原料中赤泥的加入量对放射性的影响，结果显示赤泥在原料中的占比不超过 15% 的情况下才能满足欧盟的建材放射性要求。中国科学院研究生院顾汉念对赤泥的放射性及其在建材中使用时满足放射性要求的掺量进行了系统的检测和计算，研究结果表明，在道路、居住房屋等不同应用领域，其掺量范围在 28%～44%。山东大学的岳钦艳课题组研究了赤泥烧结砖的放射性，指出赤泥在原料中的配比不超过 40% 时烧结砖的内照射指数 I_{Ra} 为 0.246、外照射指数 I_r 为 0.804，完全满足国家标准中规定的建筑主体材料放射性要求。杨久俊教授研究了赤泥掺量对赤泥复合硅酸盐水泥放射性的影响，结果显示掺量不能超过 20%。因此，必须对赤泥放射性进行适当调控或抑制，才能进行规模化应用。

自屏蔽辐射技术在降低赤泥放射性方面表现出了显著的效果。Amritphale 等学者通过在赤泥和粉煤灰的混合物中添加重金属盐，经高温烧结，对赤泥放射性显示出了良好的屏蔽效应。桂林理工大学的吴伯麟团队采用了与 Amritphale 等学者相似的技术手段，在赤泥基混合物中加入碳酸钡和铅丹制备出了自釉化的陶瓷材料。检测结果显示，该材料具有良好的放射性屏蔽效果，比当地环境的放射计量还低。郑州大学的罗忠涛等学者依据现有放射性屏蔽技术探讨了对赤泥放射性进行屏蔽的可行性，遗憾的是还未见涉及具体内容的后续研究报道。

对赤泥的放射性进行有效调控和抑制是解决赤泥作为建筑材料满足放射性要求的优选途径。奥地利 Pannonia 大学 Zoltán Sasa 等学者对赤泥进行了高温烧结，研究结果显示，经过 1200℃ 处理的样品，其放射性抑制效果显著，由原始状态下的（75±10）mBq/（kg·h）降至（7±4）mBq/（kg·h），并认为微观结构的改变和纳米级别的孔隙是导致放射性减弱的主要原因。Jobbágy 等学者通过在赤泥中均匀混入锯末，然后在不同温度下进行烧结处理，研究了不同发泡温度和烧结体孔隙率对赤泥放射性的影响，结果表明，在锯末燃烧产生还原性气氛下，当温度超过 800℃ 时赤泥的放射性可降低 80%，且减小烧结体的孔隙率有利于放射性的衰减。希腊学者 Pontikes 和 Vangelatos 等人研究了烧结气氛、发泡温度及保温时间对降低赤泥放射性的影响，同时探讨了不同条件下烧结赤泥中重金属元素的浸出行为，结果显示，经 1000℃ 左右的高温烧结后，赤泥中放射性核素镭-226、钍-232 和钾-40 的总放射性活度小于 1mSv/年，满足欧盟建筑材料放射性核素的限量要求，且在非氧化性气氛下烧结时有利于提高 Cr、Ni 等重金属元素的固化效果。上述国内外学者的研究结果表明，通过改变烧结气氛的高温热处理可有效抑制赤泥的放射性，且较好地固化赤泥中的重金属元素。

高放射性和高碱性是赤泥资源化利用亟待解决的瓶颈问题。从 Jobbágy、Pontikes 及岳钦艳等国内外专家学者的研究成果来看，高温热处理（烧结）可有效抑制赤泥的放射性且能较好地固化赤泥中的重金属元素，而烧结类建材制品如微晶玻璃、陶瓷、陶粒、烧结砖等的制备也是大量消纳赤泥的应用领域，且赤泥的高碱特性在制备赤泥复合水泥、混凝土掺和料、赤泥免烧砖等这一类建材制品方面受到限制，但该特性反而在制备烧结类制品时变成了助熔剂，可起到降低发泡温度的效应，因而在水硬性胶结类建材中严格限制的缺陷反而在烧结类制品中转变成了赤泥资源的优势。因此，利用赤泥等大宗工业固体废物代替天然矿物资源制备泡沫玻璃，不仅可以大幅减少天然非金属矿物资源的开发，更具有巨大的生态、环境、社会、经济效益。

3.1.2 硅灰的资源化利用研究现状

硅灰是矿热炉生产硅铁合金和金属硅过程中产生的 Si 和 SiO_2 气体在烟道中与空气氧化并迅速冷凝形成的粉尘。近年来，随着环保力度的加强，硅灰产量逐年增加，如果直接排放或堆弃，会造成环境污染和资源浪费。因此，如何资源化利用这些数量巨大的硅灰已成为硅铁冶炼企业亟须解决的问题。

硅灰的主要化学成分为 SiO_2，其中的 SiO_2 主要以非结晶相（或无定形 SiO_2）存在，含量≥80%、杂质成分少，比表面积为 $20\sim28m^2/g$，粒度小于 $10\mu m$ 的颗粒占 80% 以上，化学活性高，容易与碱反应，且具有质量轻、耐火度高、活性强等特点，被广泛应用于建筑、耐火材料、冶金、陶瓷、化工等领域。

早在二十世纪四十年代，挪威的埃肯公司就对硅灰的回收生产及综合应用技术等进行了系统研究，一直是该领域的领先者。此后，国内外开始研究将硅灰应用于混凝土工业、冶金、化工、陶瓷、复合材料等领域。

在建材领域，硅灰主要用在混凝土工业中。在混凝土中，硅灰取代水泥之后，其作用与粉煤灰类似，可改善混凝土拌和物的和易性，降低水化热，提高混凝土抗侵蚀、抗冻、抗渗性，抑制碱-骨料反应，且其效果要比粉煤灰好很多。硅灰中的 SiO_2 在早期即可与 $Ca(OH)_2$ 发生反应，生成水化硅酸钙。所以，用硅灰取代水泥可提高混凝土的早期强度。

硅灰取代水泥量一般在 5%～15%，当超过 20% 以后，水泥浆将变得十分黏稠。混凝土拌和用水量随硅灰的掺入而增加，为此，当混凝土掺用硅灰时，必须同时掺加减水剂，这样才可获得最佳效果。

杨艳娟等人研究了双掺粉煤灰和硅灰对透水混凝土力学性能、有效孔隙率和透水性的影响，结果表明双掺粉煤灰和硅灰，随着硅灰掺量的增加，透水混凝土的有效孔隙率和透水系数先增大后减小，抗压强度先提高后降低；双掺的最佳掺量为粉煤灰 15%、硅灰 10%，制得的透水混凝土抗压强度为 18.2MPa，透水系数为 3.1mm/s。

宁逢伟等人对膨胀剂和硅灰改善 C50 喷射混凝土的抗渗性能进行了研究，结果表明膨胀剂和硅灰改善喷射混凝土的抗渗性主要通过填充和挤密作用，硅灰具有显著的微细填充特征，单掺 10% 硅灰可将抗渗等级提高至 W25 以上。采用 2%～6% 膨胀剂与 10% 硅灰复掺可进一步改善抗渗性，渗水高度降低 75%～87%、电通量降低 20%～34%、孔隙率降低 3%～14%。

熊辉霞等人对粉煤灰和硅灰掺料对高性能混凝土氯离子扩散的影响进行了研究，

研究结果表明在水灰（胶）比不变的情况下，同等级不同龄期的高性能混凝土抗压强度均比普通混凝土低；单掺硅灰和单掺粉煤灰的 HPC 抗氯离子渗透性能均高于普通混凝土，在距混凝土表面 2.5～12.5mm 渗透深度范围内，单掺硅灰抗氯离子渗透能力要优于单掺粉煤灰；复掺粉煤灰和硅灰的混凝土抗氯离子渗透性能要优于单掺粉煤灰和单掺硅灰的混凝土；20％粉煤灰与 15％硅灰复掺的混凝土抗氯离子渗透性能最优。

王帅等人研究了高钛矿渣-钢渣-硅灰复合矿物掺和料在混凝土中的应用，结果表明硅灰对胶砂各龄期强度均有所增益，但超过 5％时会使流动度比下降至 90％以下；三元复合掺和料有助于提高混凝土密实度，提高混凝土的强度、抗碳化性能和抗硫酸盐侵蚀性能。

阴琪翔等人研究了硅灰对混凝土耐硫酸腐蚀性能的影响，结果表明随着腐蚀时间的延长，试样均经历从"泛霜"到严重破坏的过程，但硅灰的掺入能较好地保持腐蚀过程中试样的完整性；硅灰的掺入可有效减小腐蚀过程中抗压强度的损失，提升附着物的附着速率，并且能有效抑制混凝土强度退化深度的增加。

李瑶等人研究了掺纳米 SiO_2/粉煤灰/硅灰的钢纤维混凝土的力学性能及界面，结果表明同时掺入纳米 SiO_2 和硅灰可以大幅度优化钢纤维混凝土的结构致密性，使界面黏结强度达到 4.5MPa、拔出能达到 165.7N•mm。

Tamer I. Ahmed 等人研究了硅灰和粉煤灰对塑性混凝土沉降开裂强度的影响，结果表明在混凝土中添加硅灰显著降低了沉降裂缝的出现率，较合适的掺量是水泥质量的 8％；向混合物中添加粉煤灰没有显著影响沉降开裂强度，但提高了新拌混凝土的和易性。

F. A. Mustapha 等人研究了粉煤灰和硅灰对自密实高性能混凝土的影响，研究结果表明掺加了粉煤灰和硅灰的新拌自密实高性能混凝土的性能均能达到要求，抗压强度较未掺加粉煤灰和硅灰的对比混凝土提高了约 5％。

此外，国外学者也对硅灰对高性能混凝土的影响、对混凝土耐久性的影响等方面进行了深入研究。

3.2 试验方法

3.2.1 试验设计

1. 试验材料及配方

赤泥-硅灰基泡沫玻璃的基体材料为赤泥、硅灰和废玻璃，发泡剂为 $CaCO_3$，稳泡剂为 Na_3PO_4，助熔剂为硼砂。本研究中用到的赤泥、硅灰和废玻璃的化学组成见表 3-1，其余成分为分析纯。

表 3-1 赤泥、硅灰和废玻璃的化学组成 %，质量分数

化学组成	SiO_2	CaO	Al_2O_3	MgO	Fe_2O_3	Na_2O+K_2O
赤泥	20.92	17.79	28.30	1.84	12.98	10.30
硅灰	96.88	0.25	0.17	0.46	0.06	0.71
废玻璃	66.03	11.39	2.63	1.71	1.25	14.42

赤泥-硅灰基泡沫玻璃配方设计见表 3-2。

表 3-2 赤泥-硅灰基泡沫玻璃配方设计 %，质量分数

废玻璃	赤泥	硅灰	碳酸钙	硼砂	磷酸三钠
50	26.87	23.13	3	2	2
40	32.28	27.72	3	2	2
30	37.66	32.34	3	2	2
20	43.04	36.96	3	2	2
10	48.42	41.58	3	2	2

注：表中基体材料废玻璃、赤泥和硅灰的质量百分比之和为 100%，碳酸钙、硼砂和磷酸三钠的掺量分别占基体材料的 3%、2% 和 2%。

2. 试样制备工艺

泡沫玻璃的制备工艺流程如图 3-1 所示。

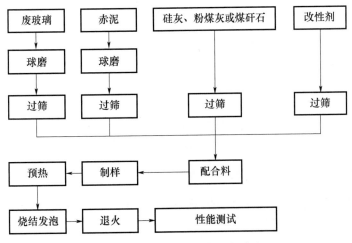

图 3-1 泡沫玻璃的制备工艺流程

赤泥-硅灰泡沫玻璃混合料的热分析曲线如图 3-2 所示。

从 TG 曲线可知在 0～1200℃ 的范围内，TG 曲线下降幅度较小，主要是由于混合料中的发泡剂分解产生的气体和样品中水分脱除所致。从 DSC 曲线可知，混合料在 643℃ 之前基本以吸热为主，在此温度出现尖锐的吸热峰，碳酸钙开始分解，混合料逐

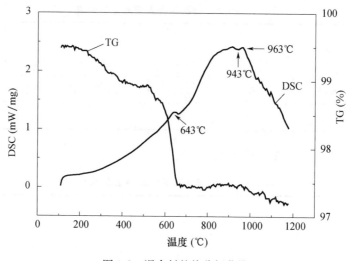

图 3-2 混合料的热分析曲线

渐软化，在 943℃附近达到峰值，1000℃左右玻璃化转变结束，为使烧结体玻璃相的黏度和表面张力能够包裹住气体避免逸出，试验中选择 950℃作为较合适的发泡温度，并在此基础上做扩展性研究。

在配合比一定的情况下，泡沫玻璃的性能与烧成工艺的关系最大。其工艺制度按预热、烧结发泡、退火这几个阶段进行。烧结工艺曲线如图 3-3 所示。

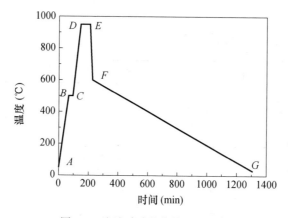

图 3-3 泡沫玻璃的烧结工艺曲线

预热：从初始温度至 500℃为预热阶段（AB 段），预热速率为 7℃/min，达到 500℃时，保温 30min（BC 段）。

烧结发泡：从 500℃至规定温度（如 950℃）为烧结发泡阶段（CD 段），烧结发泡速率为 9℃/min，达到规定温度（如 950℃）时，保温 60min（DE 段）。

退火：从规定温度（如 950℃）迅速冷却至 600℃为降温阶段（EF 段），冷却速率约为 20℃/min。再从 600℃自然冷却至室温（FG 段），退火冷却时间约为 18h。

烧结制度设计见表 3-3，首先研究发泡温度对泡沫玻璃性能的影响。

表 3-3 赤泥-硅灰基泡沫玻璃烧结制度设计（发泡温度）

序号	预热升温速率（℃/min）	预热保温时间（min）	预热温度（℃）	发泡升温速率（℃/min）	发泡温度（℃）	发泡保温时间（min）
1	7	30	500	9	800	30
2	7	30	500	9	850	30
3	7	30	500	9	900	30
4	7	30	500	9	950	30
5	7	30	500	9	1000	30

暂定发泡温度为 950℃，后期根据结果再做相应调整，发泡保温时间对泡沫玻璃性能的影响研究设计见表 3-4。

表 3-4 发泡保温时间对泡沫玻璃性能的影响研究设计

序号	预热升温速率（℃/min）	预热保温时间（min）	预热温度（℃）	发泡升温速率（℃/min）	发泡温度（℃）	发泡保温时间（min）
1	7	30	500	9	950	30
2	7	30	500	9	950	60
3	7	30	500	9	950	90

3. 改性剂对泡沫玻璃性能的影响

以发泡剂为研究对象时，所用的发泡剂有 $CaCO_3$、MnO_2、九水硅酸钠。试验试样的配料组成见表 3-5。

表 3-5 试验试样的配料组成　　　　　　　　　　　　　　　%，质量分数

废玻璃	赤泥	硅灰	磷酸三钠	硼砂	发泡剂
40	32.28	27.72	2	2	2
40	32.28	27.72	2	2	3
40	32.28	27.72	2	2	4
40	32.28	27.72	2	2	5
40	32.28	27.72	2	2	6

以稳泡剂为研究对象时，所用的稳泡剂有 Na_3PO_4、无水碳酸钠。试验试样的配料组成见表 3-6。

表 3-6 试验试样的配料组成　　　　　　　　　　　　　　　%，质量分数

废玻璃	赤泥	硅灰	碳酸钙	硼砂	稳泡剂
40	32.28	27.72	3	2	1
40	32.28	27.72	3	2	2
40	32.28	27.72	3	2	3
40	32.28	27.72	3	2	4
40	32.28	27.72	3	2	5

以助熔剂为研究对象时，所用的助熔剂有硼砂、硼酸。试验试样的配料组成见表3-7。

表 3-7　试验试样的配料组成　　　　　　　　　　　　　　%，质量分数

废玻璃	赤泥	硅灰	碳酸钙	磷酸三钠	助熔剂
40	32.28	27.72	3	2	1
40	32.28	27.72	3	2	2
40	32.28	27.72	3	2	3
40	32.28	27.72	3	2	4
40	32.28	27.72	3	2	5

3.2.2　性能测试方法

1. 原料元素含量的测定

本试验采用的是 ZSX PrimusⅡ X 射线荧光光谱仪测量其元素含量。X 射线荧光光谱仪的技术特征：使用低能量的 X 射线照射试样，试样中的一些原子将发射具有自身特征的 X 射线荧光，从而识别其元素，同时无损测定其元素的含量。它具有灵敏度高、选择性好、操作简单，可同时分析测量多种元素等优点。在使用时，要进行压片制样，以测定试样主要元素的含量。

2. 差热-热重分析

采用德国 Netzsch STA449F3 同步热分析仪（DSC/TG）对混合料进行热分析，从而获得加热过程中玻璃相转变温度、质量变化等信息。热重法（TG）是在温度程序控制下，测量物质质量与温度之间关系的技术。差示扫描量热法（DSC）是在温度程序控制下，测量输给物质和参比物的功率差与温度关系的一种技术。

3. 形貌观察

本试验主要观察和记录试样整体发泡效果、气孔孔径大小、气孔分布情况、孔壁的厚薄等形貌特征，通过相机拍照，进行对比分析。

4. 密度

用电子天平测量出干燥后样品的质量 m，并测量干燥后样品的长、宽、高，求出体积 V。试样的密度按式（3-1）计算。

$$\rho_b = \frac{m}{V} \tag{3-1}$$

式中　　ρ_b ——干燥后泡沫玻璃样品的密度（g/cm³）；

　　　　m ——干燥后泡沫玻璃样品的质量（g）；

　　　　V ——干燥后泡沫玻璃样品的体积（cm³）。

5. 质量吸水率

用电子天平测量出干燥样品的质量 m_1，然后将样品放入水中 2h，随后把样品拿出用毛巾擦干表面水分，再用吸水纸在样品的表面擦拭，每个面擦拭两遍，去除表面水

分；最后测得样品吸水后的质量 m_2。样品的吸水率按式（3-2）计算。

$$W_m = \frac{m_2 - m_1}{m_1} \times 100\% \tag{3-2}$$

式中　W_m——样品的质量吸水率（％）；

　　　m_1——样品在干燥状态下的质量（g）；

　　　m_2——样品在吸水饱和状态下的质量（g）。

3.3　赤泥-硅灰基泡沫玻璃制备工艺研究

3.3.1　赤泥-硅灰基泡沫玻璃配方优化

1. 赤泥-硅灰基泡沫玻璃配方对泡沫玻璃宏观结构的影响

赤泥掺量对泡沫玻璃宏观结构的影响如图 3-4 所示。

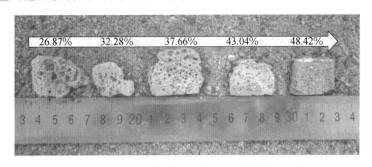

图 3-4　赤泥掺量对泡沫玻璃宏观结构的影响

由图 3-4 可知，随着赤泥掺量的增加，废玻璃掺量逐渐减少，制备的泡沫玻璃样品发泡量逐渐减少，孔径也在逐渐变小，总体上玻璃化程度呈现出逐渐降低的趋势。当赤泥掺量超过 40％时，样品几乎不发泡；当赤泥掺量为 32.28％、硅灰掺量为 27.72％时，发泡较为充分，气孔较多，且气泡分布也较为均匀，表明赤泥含量较高时，配方中的 SiO_2 含量偏低，在相同发泡温度下，还不具备玻璃化的成分基础，不足以形成玻璃态。

2. 赤泥-硅灰基泡沫玻璃配方对泡沫玻璃密度的影响

赤泥-硅灰基泡沫玻璃配方对泡沫玻璃密度的影响如图 3-5 所示。

由图 3-5 可以看出，原料配方对泡沫玻璃的密度影响显著。在发泡过程中泡沫玻璃体积会发生膨胀，同等质量下，发泡越充分，其内部气孔越多，最终的体积也就越大，相对应的密度也就越小。因此，随赤泥掺量的增加，泡沫玻璃的密度呈现先降低后增大的趋势。在赤泥掺量为 32.28％、硅灰掺量为 27.72％时，密度最小。

3. 赤泥-硅灰基泡沫玻璃配方对泡沫玻璃吸水率的影响

赤泥-硅灰基泡沫玻璃配方对泡沫玻璃吸水率的影响如图 3-6 所示。

由图 3-6 可以看出，原料配方对泡沫玻璃的吸水率影响较大。随着赤泥掺量的增

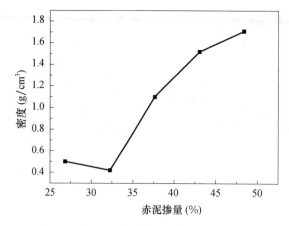

图 3-5　赤泥-硅灰基泡沫玻璃配方对泡沫玻璃密度的影响

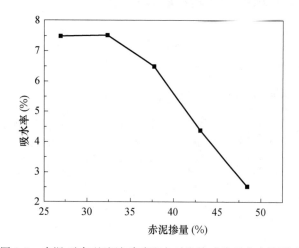

图 3-6　赤泥-硅灰基泡沫玻璃配方对泡沫玻璃吸水率的影响

加，泡沫玻璃的吸水率先增大后减小。

　　结合图 3-4、图 3-5 和图 3-6 可知，泡沫玻璃发泡越好、气泡越均匀，泡沫玻璃的密度越小，吸水率越大；反之越密实，密度越大，吸水率越小。综合考虑发泡效果和基本性能，赤泥-硅灰基泡沫玻璃较好的一组配方为废玻璃掺量 40%、硅灰掺量 27.72%、赤泥掺量 32.28%。

3.3.2　赤泥-硅灰基泡沫玻璃烧制工艺制度研究

　　1. 发泡温度对赤泥-硅灰基泡沫玻璃的影响
　　1）发泡温度对赤泥-硅灰基泡沫玻璃宏观结构的影响
　　发泡温度对赤泥-硅灰基泡沫玻璃宏观结构的影响如图 3-7 所示。
　　由图 3-7 可知，在不同温度时泡沫玻璃都有气孔生成，随着发泡温度的升高，发泡越来越充分。800℃时泡沫玻璃仅有少量小气孔出现，950℃时泡沫玻璃发泡充分且孔径大小及孔的分布都较均匀，1000℃时泡沫玻璃有较大孔出现，且孔径大小和孔的分布都

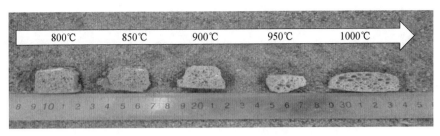

图 3-7　发泡温度对赤泥-硅灰基泡沫玻璃宏观结构的影响

不均匀。因此,从泡沫玻璃发泡后的宏观结构来看,950℃的效果较好。这与赤泥-硅灰基泡沫玻璃混合料的热分析曲线分析结果是一致的。

2)发泡温度对赤泥-硅灰基泡沫玻璃密度的影响

发泡温度对赤泥-硅灰基泡沫玻璃密度的影响如图 3-8 所示。

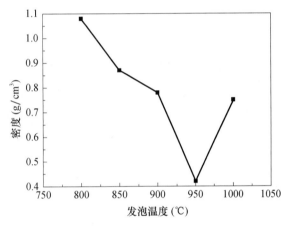

图 3-8　发泡温度对赤泥-硅灰基泡沫玻璃密度的影响

由图 3-8 可知,随着发泡温度的升高,泡沫玻璃的密度先降低后增大。800℃、850℃和 900℃的时候,$CaCO_3$ 已经开始分解,但是分解还不充分;而温度为 1000℃时,玻璃相黏度降低,部分发泡剂发泡产生的气体形成的孔隙被玻璃相填充,气体移动,部分形成了分布不均匀的大孔,部分气体逸出,导致泡沫玻璃的密度增大。发泡温度为950℃的泡沫玻璃密度较发泡温度为 1000℃的泡沫玻璃降低了 44%。

3)发泡温度对赤泥-硅灰基泡沫玻璃吸水率的影响

发泡温度对赤泥-硅灰基泡沫玻璃吸水率的影响如图 3-9 所示。

由图 3-9 可知,随着发泡温度的升高,泡沫玻璃的吸水率先增大后降低。泡沫玻璃发泡越充分,孔隙率越高,泡沫玻璃的吸水率越大;泡沫玻璃内部结构越密实,泡沫玻璃的吸水率越小。因此,发泡温度为 950℃时,泡沫玻璃吸水率最大;发泡温度为800℃时,泡沫玻璃吸水率最小。

2. 发泡保温时间对赤泥-硅灰基泡沫玻璃的影响

1)发泡保温时间对赤泥-硅灰基泡沫玻璃宏观结构的影响

发泡保温时间对赤泥-硅灰基泡沫玻璃宏观结构的影响如图 3-10 所示。

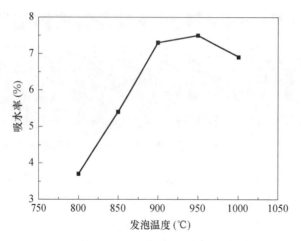

图 3-9　发泡温度对赤泥-硅灰基泡沫玻璃吸水率的影响

图 3-10　发泡保温时间对赤泥-硅灰基泡沫玻璃宏观结构的影响

由图 3-10 可知，发泡保温时间为 30min、60min 和 90min 时，泡沫玻璃发泡都比较充分，但是 60min 和 90min 的泡沫玻璃由于保温时间长，玻璃相黏度降低，玻璃相填充气孔，导致气体的移动和逸出，泡沫玻璃内部出现了分布不均匀的大孔。

2）发泡保温时间对赤泥-硅灰基泡沫玻璃密度的影响

发泡保温时间对赤泥-硅灰基泡沫玻璃密度的影响如图 3-11 所示。

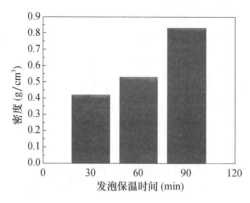

图 3-11　发泡保温时间对赤泥-硅灰基泡沫玻璃密度的影响

由图 3-11 可知，随着发泡保温时间的延长，赤泥-硅灰基泡沫玻璃的密度逐渐增大。这与泡沫玻璃的发泡情况是有关系的。由图 3-11 可知，发泡保温时间为 30min 的泡沫玻璃发泡充分，且孔径大小和孔的分布都较均匀，而发泡保温时间延长至 60min 和 90min 时，泡沫玻璃内部孔隙的大小和分布都变得不均匀，导致密度升高。发泡保温时间为 30min 的泡沫玻璃密度分别较发泡保温时间为 60min 和 90min 的泡沫玻璃低 21% 和 49%。

3）发泡保温时间对赤泥-硅灰基泡沫玻璃吸水率的影响

发泡保温时间对赤泥-硅灰基泡沫玻璃吸水率的影响如图 3-12 所示。

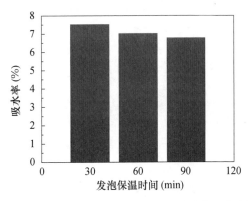

图 3-12　发泡保温时间对赤泥-硅灰基泡沫玻璃吸水率的影响

由图 3-12 可知，随着发泡保温时间的延长，赤泥-硅灰泡沫玻璃的吸水率逐渐降低，这也与泡沫玻璃的发泡情况相对应。发泡越充分，孔隙率越高，泡沫玻璃的吸水率越大；泡沫玻璃密实度越高，吸水率越小。发泡保温时间为 30min 的泡沫玻璃吸水率分别较发泡保温时间为 60min 和 90min 的泡沫玻璃高 7% 和 11%。

3.4　发泡剂对赤泥-硅灰基泡沫玻璃性能的影响

泡沫玻璃的发泡剂一般选用高温下能够自身分解或氧化释放气体或能够与玻璃成分进行反应释放气体的物质。常用的发泡剂有以下几类：

（1）碳酸盐，如石灰岩、白云岩、菱镁矿、菱铁矿、纯碱等；

（2）碳及其化合物，如炭黑、活性炭、碳化硅、碳化钙、碳化钛等；

（3）硫酸盐，如硫酸铁、石膏、硬石膏、硫酸铝、硫酸镁等；

（4）硅酸盐，如白云母、黑云母、珍珠岩等；

（5）氧化物，如赤铁矿、软锰矿等；

（6）硝酸银，如硝酸钠、硝酸钙、硝酸钾等。

在发泡过程中，起着决定性作用的不仅是玻璃料，发泡剂也起着很大的作用。当玻璃液黏度很大时，只有在发泡剂分解产物的力能够使玻璃液起泡的情况下，才能发泡。

用于试验的发泡剂，在泡沫玻璃的配合料中的分解温度与在空气中的分解过程不同，各种发泡剂对应着不同的发泡温度，生产时应根据具体的玻璃配料加以选择。

3.4.1　发泡剂对赤泥-硅灰基泡沫玻璃宏观结构的影响

$CaCO_3$、MnO_2 和 $Na_2SiO_3 \cdot 9H_2O$ 对赤泥-硅灰基泡沫玻璃宏观结构的影响如图 3-13～图 3-15 所示。

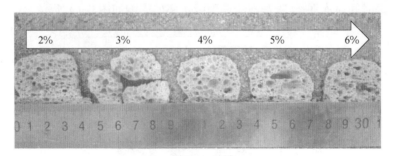

图 3-13　$CaCO_3$ 对赤泥-硅灰基泡沫玻璃宏观结构的影响

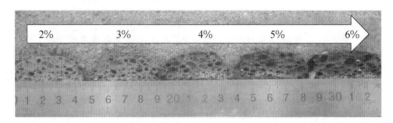

图 3-14　MnO_2 对赤泥-硅灰基泡沫玻璃宏观结构的影响

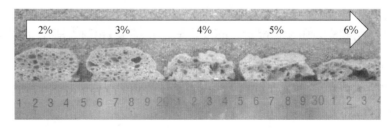

图 3-15　$Na_2SiO_3 \cdot 9H_2O$ 对赤泥-硅灰基泡沫玻璃宏观结构的影响

由图 3-13 可以看出，随着 $CaCO_3$ 掺量的增加，气孔逐渐增大，当 $CaCO_3$ 掺量超过 4％时，泡沫玻璃出现大小孔，以及连通孔。掺量为 3％时，发泡最均匀，孔径为 2～4mm，气孔多数为圆形。

由图 3-14 可以看出，随着 MnO_2 掺量的增加，孔径逐渐增大，气孔壁变薄，掺量越高，气孔扩大越明显。掺量为 3％时，发泡效果较好，孔径为 2～3mm，均匀分布。

由图 3-15 可以看出，随着 $Na_2SiO_3 \cdot 9H_2O$ 掺量的增加，发泡效果显著变差，表面凹陷，试样有超大气孔。掺量为 2％时，发泡相对较好，但孔径较小。

3.4.2　发泡剂对赤泥-硅灰基泡沫玻璃密度的影响

发泡剂对赤泥-硅灰基泡沫玻璃密度的影响如图 3-16 所示。

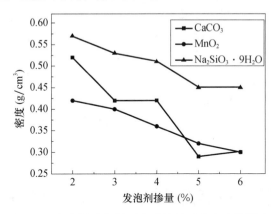

图 3-16　发泡剂对赤泥-硅灰基泡沫玻璃密度的影响

由图 3-16 可以看出，随着发泡剂掺量的增加，泡沫玻璃的密度呈现降低的趋势。同等掺量条件下，MnO_2 的发泡效果较好，密度较小。结合图 3-13、图 3-14 和图 3-15 的情况来看，$CaCO_3$ 和 MnO_2 的掺量为 3% 时，发泡效果较好，$Na_2SiO_3 \cdot 9H_2O$ 掺量为 2% 时，发泡效果相对较好。这三种情况下 MnO_2 掺量为 3% 时泡沫玻璃的密度最小，较 $CaCO_3$ 掺量为 3% 时低 5%，较 $Na_2SiO_3 \cdot 9H_2O$ 掺量为 2% 时低 30%。

3.4.3　发泡剂对赤泥-硅灰基泡沫玻璃吸水率的影响

发泡剂对赤泥-硅灰基泡沫玻璃吸水率的影响如图 3-17 所示。

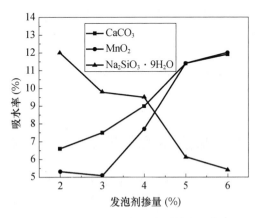

图 3-17　发泡剂对赤泥-硅灰基泡沫玻璃吸水率的影响

由图 3-17 可知，以 $CaCO_3$ 或 MnO_2 为发泡剂时，随着发泡剂掺量递增，泡沫玻璃样品吸水率增大，因为随着掺量的增加，高温分解气体量增大，孔内气压增加，微气孔也逐渐结合发泡成为大气孔和连通孔，水进入泡沫玻璃内部，形成储水空间，吸水率也就不断增大。

以 $Na_2SiO_3 \cdot 9H_2O$ 为发泡剂时，随着发泡剂掺量递增，吸水率减小，其原因是：使用 $Na_2SiO_3 \cdot 9H_2O$ 时，发泡形成的孔隙大多数属于闭口孔，随着该掺量的增加，开口孔减少，闭口孔增加，吸水率会减小。

发泡剂掺量不大于 4％时，以 $Na_2SiO_3 \cdot 9H_2O$ 为发泡剂，试样吸水率相对较大，以 MnO_2 为发泡剂，试样吸水率最小，以 $CaCO_3$ 为发泡剂时，吸水率相对适中。MnO_2 掺量为 3％时，泡沫玻璃吸水率最小。

通过对比发泡剂对赤泥泡沫玻璃发泡效果、密度和吸水率的影响，得出适合赤泥-硅灰基泡沫玻璃的发泡剂是 MnO_2，掺量为 3％，得出的泡沫玻璃试样密度为 $0.40g/cm^3$，吸水率为 5.1％。

3.5 稳泡剂对赤泥-硅灰基泡沫玻璃性能的影响

制得发泡质量良好的泡沫玻璃有两种方法：①降低熔体表面张力，使气、液界面的压力差降低，减少熔体从液相流向气相；②提高熔体黏度，减弱熔体的流动性，减小气泡壁变薄的速率，降低气泡破裂或合并成连通孔的概率。

稳泡剂（又称稳定剂、改性剂）就是以此来防止小气泡相互结合形成连通孔或破裂，从而稳定气泡结构。通常具有极性共价键、半金属共价键或场强大的过渡金属元素，能在玻璃中与氧形成［MO_4］四面体结构，都能用来作为稳泡剂。常用的稳泡剂主要是磷酸盐、硼酸盐、醋酸盐、Al_2O_3、ZrO_2、ZnO、BeO 等。

一般而言，如加入适量的稳泡剂能够改善泡沫玻璃的性能，扩大发泡温度范围，稳定气泡结构，减少连通泡孔，提高成品率。其作用机理为：在高温下，磷酸盐或硼酸盐受热分解产生 P_2O_5 或 B_2O_3，其中 P 或 B 是网络形成离子，在玻璃相内形成［PO_4］四面体或［BO_4］四面体，与［SiO_4］四面体一起构成连续的网络结构，起到修补网络的作用，使已断裂的小型［SiO_4］四面体群重新连接为大型四面体群，网络连接程度变大，熔体的聚合度上升，从而提高高温下玻璃熔体的黏度，减小气泡壁变薄的速率，达到稳定气泡结构的作用。

3.5.1 稳泡剂对赤泥-硅灰基泡沫玻璃宏观结构的影响

Na_3PO_4 和无水碳酸钠对赤泥-硅灰基泡沫玻璃宏观结构的影响如图 3-18 和图 3-19 所示。

由图 3-18 可知，随着 Na_3PO_4 掺量增加，稳泡效果降低，试样出现少量大孔，孔壁变薄。掺量为 2％时，稳泡作用最好，孔径均匀，孔型圆整。

由图 3-19 可知，无水碳酸钠作为稳泡剂的泡沫玻璃发泡充分，但加入量大于等于 3％之后，试样开始出现大小孔，且该组试样烧结完成出现表面剥落现象。

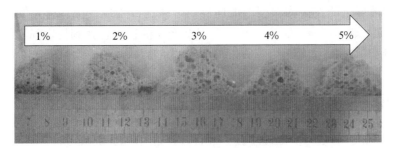

图 3-18　Na_3PO_4 对赤泥-硅灰基泡沫玻璃宏观结构的影响

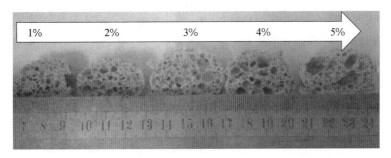

图 3-19　无水碳酸钠对赤泥-硅灰基泡沫玻璃宏观结构的影响

3.5.2　稳泡剂对赤泥-硅灰基泡沫玻璃密度的影响

稳泡剂对赤泥-硅灰基泡沫玻璃密度的影响如图 3-20 所示。

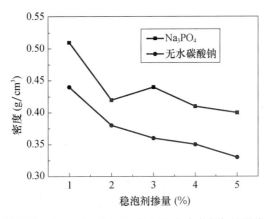

图 3-20　稳泡剂对赤泥-硅灰基泡沫玻璃密度的影响

由图 3-20 可知，掺量相同时，以 Na_3PO_4 为稳泡剂的泡沫玻璃密度较大；随着稳泡剂掺量增加，泡沫玻璃的密度逐渐降低。Na_3PO_4 掺量为 5％时，泡沫玻璃密度约为 $0.40g/cm^3$，而无水碳酸钠掺量为 5％时，泡沫玻璃密度约为 $0.33g/cm^3$，较 Na_3PO_4 掺量为 5％时降低了约 18％。

Na_3PO_4 在高温分解，在玻璃相内形成〔PO_4〕四面体或〔BO_4〕四面体，与〔SiO_4〕四面体一起构成连续的网络结构，起到修补网络的作用，使已断裂的小型

［SiO₄］四面体群重新连接为大型四面体群，网络连接程度变大，熔体的聚合度上升，从而提高高温下玻璃熔体的黏度，减小气泡壁变薄的速率，达到稳定气泡结构的作用。而无水硅酸钠在高温下能额外发泡，降低样品的密度。

3.5.3 稳泡剂对赤泥-硅灰基泡沫玻璃吸水率的影响

稳泡剂对赤泥-硅灰基泡沫玻璃吸水率的影响如图 3-21 所示。

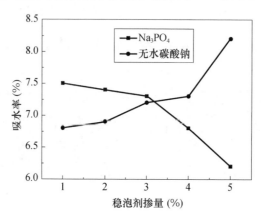

图 3-21 稳泡剂对赤泥-硅灰基泡沫玻璃吸水率的影响

由图 3-21 可知，以 Na_3PO_4 为稳泡剂时，随着掺量递增，试样的吸水率随之减小，说明随着稳泡剂的增加，试样内部生成闭口孔的趋势加强，在密度降低的情况下，吸水率也在降低。而以无水碳酸钠为稳泡剂时，随着掺量递增，试样的吸水率增大，是因为掺量增加，无水碳酸钠高温分解产生 CO_2 气体，使气孔出现了合并连通的情况，稳泡的作用有所降低，大气孔数量增加，吸收更多水量，吸水率随之增大。

综合考虑稳泡剂对发泡效果、密度和吸水率的影响，5％掺量的 Na_3PO_4 为稳泡剂时，制得样品的密度和吸水率均最小，但略微出现了孔径不均的现象；2％掺量的 Na_3PO_4 为稳泡剂时，制得样品的孔径大小和气泡分布都更均匀，但密度和吸水率略大，密度和吸水率分别较 5％掺量的 Na_3PO_4 为稳泡剂时制得的样品高 5％和 19％。

3.6 助熔剂对赤泥-硅灰基泡沫玻璃性能的影响

能促使玻璃熔制过程加速的原料称为助熔剂或加速剂。富含玻璃相的原料熔融温度比炭黑反应温度高，发泡时气体容易从配合料中逸出。对泡沫玻璃生产而言，只有在气体大量产生时，配合料已软化成玻璃相包裹住生成的气体，才能得到发泡质量好的泡沫玻璃。因此为获得低密度的泡沫玻璃，必须往配合料中加入一定量的助熔剂（又称促进剂）来调整玻璃颗粒的表面性质，降低玻璃的黏度，使玻璃易于熔融。

与固态玻璃颗粒相比，玻璃熔体更易迁移流动，黏结后传热更容易，玻璃相内各部分的温度更均匀。助熔剂一般是碱金属盐、碱土金属盐和ⅡB金属盐等，如氟硅酸钠、碳酸钠、硼砂、硫酸钙、Zn^{2+}、Pb^{2+}、Cd^{2+}、Sb_2O_3、MnO_2 等。这些助熔剂在高温时自由体积较大，离子能在孔隙中穿插移动，使得氧离子极化变形，共价键成分增加而减弱硅—氧键的作用，降低熔体的黏度；温度降低时，自由体积变小，四面体结构的移动受阻，且小型四面体结构聚合为大型四面体结构，网络键连接程度变大，同时，碱金属离子的迁移能力降低，按一定的配位关系处于某些四面体中，引起局部不均，降低了结构强度。这些影响降低了玻璃的软化或熔融温度。

此外，部分助熔剂还有以下作用：①增大发泡温度范围，减少连通孔，提高成品率；②改善泡孔结构，使泡孔均匀、细小，制品强度增加；③提高制品光泽，改善泡沫玻璃的外观性状。

3.6.1 助熔剂对赤泥-硅灰基泡沫玻璃宏观结构的影响

硼砂和硼酸对赤泥-硅灰基泡沫玻璃宏观结构的影响如图 3-22 和图 3-23 所示。

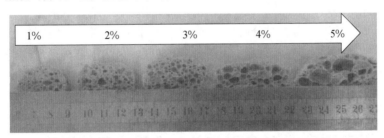

图 3-22 硼砂对赤泥-硅灰基泡沫玻璃宏观结构的影响

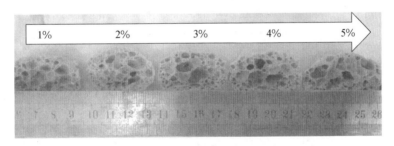

图 3-23 硼酸对赤泥-硅灰基泡沫玻璃宏观结构的影响

由图 3-22 可知，随着硼砂的掺量递增，掺量小于等于 3% 时孔径变化不明显，但掺量超过 3% 时，大气孔和连通孔出现；掺量为 2% 或 3% 时，气孔相对均匀，孔径为 2～3mm，气孔壁厚薄适中。

由图 3-23 可知，掺入硼酸的泡沫玻璃，均出现了大小孔，且从当前界面来看孔壁较厚。

3.6.2 助熔剂对赤泥-硅灰基泡沫玻璃密度的影响

助熔剂对赤泥-硅灰基泡沫玻璃密度的影响如图 3-24 所示。

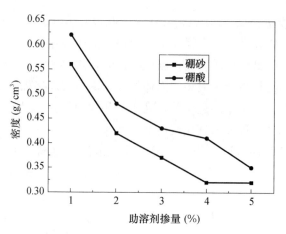

图 3-24　助熔剂对赤泥-硅灰基泡沫玻璃密度的影响

由图 3-24 可知，随着助熔剂掺量的增加，泡沫玻璃的密度逐渐降低，且同等掺量情况下，掺入硼砂助熔的泡沫玻璃密度小于掺入硼酸助熔的泡沫玻璃。

分析其原因，硼砂在高温时分解产生 Na_2O，能提供游离氧，使硼的结构从层状结构转变为架状结构，从而提高液相的熔融效果和黏度，为熔体结构形成均匀的玻璃体提供条件。随着助熔剂硼砂掺量的增加，使原材料更易于熔融，减少相间界面，发泡过程得以完善，但掺量过高，气孔孔径更大，试样体积增大，密度较小。

3.6.3　助熔剂对赤泥-硅灰基泡沫玻璃吸水率的影响

助熔剂对赤泥-硅灰基泡沫玻璃吸水率的影响如图 3-25 所示。

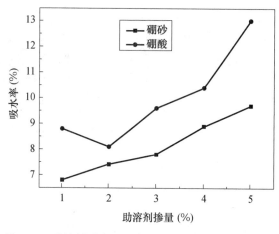

图 3-25　助熔剂对赤泥-硅灰基泡沫玻璃吸水率的影响

由图 3-25 可知，随着助熔剂掺量增加，试样吸水率增大。相同掺量情况下，掺入硼砂助熔的泡沫玻璃试样吸水率相对较小。分析其原因，硼砂能在高温下分解出碱金属氧化物，提供含氧成分，使硼氧三角体转变为四面体，B_2O_3 有助于泡沫玻璃从层状结构变为紧密结构，更好地改善泡沫玻璃的物理性能。随着助熔剂硼砂掺量的增加，熔融的作用使原材料容易发泡，但掺量过高，出现硼反常现象，使其表面张力和黏度的作用下降越明显，容易增加试样气孔的数量，发泡效果不断被扩大，发泡不均匀，从而使泡沫玻璃的质量下降。

综合考虑助熔剂对泡沫玻璃宏观结构、密度和吸水率的影响，硼砂助熔效果较好，且较适宜的掺量为 3%，此时密度为 $0.37g/cm^3$，吸水率为 7.8%。

4

赤泥-粉煤灰基泡沫玻璃的制备

4.1 粉煤灰的资源化利用研究现状

粉煤灰作为火力发电制造出的工业固体废料，具有很大的污染性。放置粉煤灰不单单要使用大面积的土地，造成土地资源的浪费，并且对四周的空气和水体甚至土壤产生影响。国际上的环保机构绿色部门在粉煤灰中发现了多于二十种对环境以及人体有坏处的物质，当中囊括铅、汞、砷、镉和铬这五种重金属。这部分有害元素跟随粉煤灰的产出融入社会环境中，经过呼吸、饮水、饮食等一系列方式进入人体，对人体的健康产生危害。所以，怎样资源化利用粉煤灰减小环境以及社会的负担，已变成当下研究的关键话题。

1914 年年初，某学者发布的《粉煤灰火山特性探究》，首次确立了粉煤灰中的氧化物拥有火山灰性质，国外对粉煤灰的探索能够追溯到二十世纪二十年代以后的电厂进行的大型锅炉的革新。第二次世界大战结束后，特别是冷战期间石油危机爆发后，发电厂的燃料结构出现了许多变化，各个国家和地区把煤转化为主要燃料的进程加快。大量灰渣的排放使人们更加重视粉煤灰的资源化利用，在一部分工业化国家，粉煤灰的广泛使用慢慢进步成为一个新的产业。

现今，国内外的粉煤灰资源化利用在建材上主要包括水泥混合材、混凝土掺和料以及一些烧结制品等。

拌制混凝土和砂浆用的粉煤灰分为 F 类粉煤灰和 C 类粉煤灰两类。F 类粉煤灰是由无烟煤或烟煤燃烧收集的，其 CaO 含量不大于 10％或游离 CaO 含量不大于 1％；C 类粉煤灰是由褐煤或次烟煤燃烧收集的，其 CaO 含量大于 10％或游离 CaO 含量大于 1％，又称高钙粉煤灰。F 类和 C 类粉煤灰又根据其技术要求分为 I 级、II 级和 III 级 3 个等级。与 F 类粉煤灰相比，C 类粉煤灰一般具有需水量比小、活性高和自硬性好等特征。但是由于 C 类粉煤灰中往往含有游离氧化钙，所以在用作混凝土掺和料时，必须对其体积安定性进行合格检验。

粉煤灰由于其本身的化学成分、结构和颗粒形状等特征，在混凝土中可产生"粉煤灰效应"，包括活性效应、颗粒形态效应和微骨料效应。

于泳等人研究了蒸养过程中粉煤灰对水泥基材料抗拉性能的影响，研究结果表明，掺入粉煤灰会降低胶凝材料的水化速度、抑制净浆抗拉强度的发展。

王瑞阳等人对络合型外加剂与矿物掺和料对水泥基材料结构与性能的影响进行了研究，结果表明当龄期为 28d 时，与普通水泥砂浆相比，掺加粉煤灰和络合剂的水泥砂浆总孔隙率降低了 42.2%，掺加络合剂和粉煤灰的水泥砂浆表面宽度为 0.3mm 的裂缝在养护 28d 后自愈合。

韩笑等人选取了超细粉煤灰进行研究，研究了 50℃养护下超细粉煤灰-水泥复合胶凝材料的性能，结果表明与普通粉煤灰相比，超细粉煤灰在机械研磨和 50℃高温养护的共同作用下活性大大提高，复合胶凝材料的水化速度更快，孔径分布更细化，抗压、抗折强度更高。

郭伟娜等人对粉煤灰掺量对应变硬化水泥基复合材料力学性能及损伤特征的影响进行了研究，结果表明随着粉煤灰掺量的增加，应变硬化水泥基复合材料变形性能得到改善，但试样的损伤程度增加。

冯琦等人研究了粉煤灰再生混凝土在干湿循环-抗硫酸盐侵蚀耦合条件下的耐久性，结果表明在硫酸盐-干湿循环试验中，各组试件的动弹性模量、质量和抗压强度均呈现先上升后下降的趋势。当粉煤灰的替代率为 15% 时，试件在耦合环境下的耐久性最强，通过预测，试件最多经受 98 次硫酸盐-干湿循环后才会失效。

熊辉霞等人对粉煤灰和硅灰掺料对高性能混凝土氯离子扩散的影响进行了研究，结果显示单掺硅灰和单掺粉煤灰的高性能混凝土抗氯离子渗透性能均高于普通混凝土，复掺粉煤灰和硅灰的混凝土抗氯离子渗透性能要优于单掺粉煤灰和单掺硅灰的混凝土。

粉煤灰掺和料适用于一般工业与民用建筑结构和构筑物用的混凝土，尤其适用于泵送混凝土、大体积混凝土、抗渗混凝土、抗化学侵蚀的混凝土、蒸汽养护的混凝土、地下和水下工程混凝土以及碾压混凝土等。除此之外，粉煤灰还用在烧结制品上。

于巧娣等人将粉煤灰和赤泥用于制备烧结砖，抗压强度达到 20.1MPa，且其他性能均符合《烧结普通砖》（GB/T 5101—2017）要求。宋谋胜等人以锰渣为主要原料，添加 0%～20% 的页岩粉和粉煤灰压制成混合坯块，在 1030～1075℃ 内烧结 2h，研究其烧结性能，结果表明 90% 锰渣、5%～10% 页岩、0%～5% 粉煤灰的配方在 1060～1075℃ 烧成的试样具有较高的抗折强度（24.34～30.72MPa），可用来制备建筑用烧结砖。

王海波等人将粉煤灰用于制备高钛高炉渣-粉煤灰微晶泡沫玻璃，研究了烧结时间对抗压强度、体积密度和热导率的影响，结果表明，当烧结时间为 30min 时，微晶泡沫玻璃具备最优综合性能。

耿欣辉等人将粉煤灰用于制备陶瓷，结果表明随着发泡温度升高，陶瓷体积密度、莫来石含量以及抗弯强度先增大后减小。酸洗粉煤灰中添加 17.7% 铝溶胶，1200℃ 烧结时，莫来石陶瓷综合性能最佳，体积密度为 2.67g/cm^3，结晶度和莫来石含量分别为 83.4% 和 50.2%，陶瓷抗弯强度和维氏硬度分别达到 137.6MPa 和 7.97GPa。

王梓等人以铁尾矿粉、粉煤灰作为原料，通过高温烧结过程制备出了陶粒，性能较优。

此外，粉煤灰在耐火材料等其他高温烧结制品上也有应用。

4.2 试验方法

4.2.1 试验设计

1. 试验材料及配方

赤泥-粉煤灰基泡沫玻璃的基体材料为赤泥、粉煤灰和废玻璃，发泡剂为 $CaCO_3$，稳泡剂为 Na_3PO_4，助熔剂为硼砂。本研究中用到的赤泥、粉煤灰和废玻璃的化学组成见表 4-1，其余成分为分析纯。

表 4-1 赤泥、粉煤灰和废玻璃的化学组成 ％，质量分数

化学组成	SiO_2	CaO	Al_2O_3	MgO	Fe_2O_3	Na_2O+K_2O
赤泥	20.92	17.79	28.30	1.84	12.98	10.30
粉煤灰	56.13	2.85	32.23	0.60	3.64	1.75
废玻璃	66.03	11.39	2.63	1.71	1.25	14.42

赤泥-粉煤灰基泡沫玻璃配方设计见表 4-2。

表 4-2 赤泥-粉煤灰基泡沫玻璃配方设计 ％，质量分数

废玻璃	赤泥	粉煤灰	碳酸钙	硼砂	磷酸三钠
50	16.25	33.75	3	2	2
40	19.5	40.5	3	2	2
30	22.75	47.25	3	2	2
20	26	54	3	2	2
10	29.25	60.75	3	2	2

2. 试样制备工艺

泡沫玻璃的制备工艺流程如图 3-1 所示，与赤泥-硅灰基泡沫玻璃相同。赤泥-粉煤灰基泡沫玻璃的烧结工艺制度也按预热、烧结发泡、退火这几个阶段进行。烧成工艺曲线与赤泥-硅灰基泡沫玻璃相同，如图 3-3 所示。

烧结制度的设计见表 4-3，首先研究发泡温度对泡沫玻璃性能的影响。与现有已发表论文相比，本研究中的废玻璃掺量略低，粉煤灰和赤泥掺量略高，为进一步改善泡沫玻璃的性能，研究发泡温度对泡沫玻璃性能的影响时，发泡保温时间统一为 60min。

表 4-3 赤泥-粉煤灰基泡沫玻璃烧结制度的设计（发泡温度）

序号	预热升温速率 （℃/min）	预热保温时间 （min）	预热温度 （℃）	发泡升温速率 （℃/min）	发泡温度 （℃）	发泡保温时间 （min）
1	7	30	500	9	800	60
2	7	30	500	9	850	60
3	7	30	500	9	900	60
4	7	30	500	9	950	60
5	7	30	500	9	1000	60

暂定发泡温度为950℃，后期根据结果再做相应调整，发泡保温时间对泡沫玻璃性能的影响研究设计见表4-4。

表 4-4 赤泥-粉煤灰基泡沫玻璃烧结制度设计（发泡保温时间）

序号	预热升温速率 （℃/min）	预热保温时间 （min）	预热温度 （℃）	发泡升温速率 （℃/min）	发泡温度 （℃）	发泡保温时间 （min）
1	7	30	500	9	950	30
2	7	30	500	9	950	60
3	7	30	500	9	950	90

3. 改性剂对泡沫玻璃性能的影响

以发泡剂为研究对象时，所用的发泡剂有 $CaCO_3$、MnO_2、九水硅酸钠。试验试样的配料组成见表4-5。

表 4-5 试验试样的配料组成　　　　　　　　　　　　　％，质量分数

废玻璃	赤泥	粉煤灰	磷酸三钠	硼砂	发泡剂
40	19.5	40.5	2	2	2
40	19.5	40.5	2	2	3
40	19.5	40.5	2	2	4
40	19.5	40.5	2	2	5
40	19.5	40.5	2	2	6

以稳泡剂为研究对象时，所用的稳泡剂有 Na_3PO_4、无水碳酸钠。试验试样的配料组成见表4-6。

表 4-6 试验试样的配料组成　　　　　　　　　　　　　％，质量分数

废玻璃	赤泥	硅灰	碳酸钙	硼砂	稳泡剂
40	19.5	40.5	3	2	1
40	19.5	40.5	3	2	2
40	19.5	40.5	3	2	3
40	19.5	40.5	3	2	4
40	19.5	40.5	3	2	5

以助熔剂为研究对象时，所用的助熔剂有硼砂、硼酸。试验试样的配料组成见表 4-7。

表 4-7　试验试样的配料组成　　　　　　　　　　　　　　％，质量分数

废玻璃	赤泥	硅灰	碳酸钙	磷酸三钠	助熔剂
40	19.5	40.5	3	2	1
40	19.5	40.5	3	2	2
40	19.5	40.5	3	2	3
40	19.5	40.5	3	2	4
40	19.5	40.5	3	2	5

4.2.2　性能测试方法

1. 原料元素含量的测定

本试验采用的是 ZSX PrimusⅡ X 射线荧光光谱仪测量其元素含量。X 射线荧光光谱仪的技术特征：使用低能量的 X 射线照射试样，试样中的一些原子将发射具有自身特征的 X 射线荧光，从而识别其元素，同时无损测定其元素的含量。它具有灵敏度高、选择性好、操作简单，可同时分析测量多种元素等优点。在使用时，要进行压片制样，以测定试样主要元素的含量。

2. 形貌观察

本试验主要观察和记录试样整体发泡效果、气孔孔径大小、气孔分布情况、孔壁的厚薄等形貌特征，通过相机拍照，进行对比分析。

3. 密度

用电子天平测量出干燥后样品的质量 m，并测量干燥后样品的长、宽、高，求出体积 V。试样的密度按式（3-1）计算。

4. 质量吸水率

用电子天平测量出干燥样品的质量 m_1，然后将样品放入水中 2h，随后把样品拿出用毛巾擦干表面水分，再用吸水纸在样品的表面擦拭，每个面擦拭两遍，去除表面水分；最后测得样品吸水后的质量 m_2。样品的吸水率按式（3-2）计算。

4.3　赤泥-粉煤灰基泡沫玻璃制备工艺研究

4.3.1　赤泥-粉煤灰基泡沫玻璃配方优化

1. 赤泥-粉煤灰基泡沫玻璃配方对泡沫玻璃宏观结构的影响

粉煤灰掺量对泡沫玻璃宏观结构的影响如图 4-1 所示。

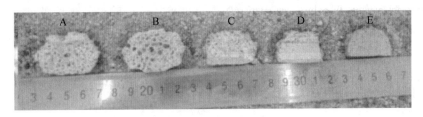

图 4-1　赤泥-粉煤灰基泡沫玻璃配方对泡沫玻璃宏观结构的影响

A—粉煤灰∶赤泥∶废玻璃＝33.75％∶16.25％∶50％；

B—粉煤灰∶赤泥∶废玻璃＝40.5％∶19.5％∶40％；

C—粉煤灰∶赤泥∶废玻璃＝47.25％∶22.75％∶30％；

D—粉煤灰∶赤泥∶废玻璃＝54％∶26％∶20％；

E—粉煤灰∶赤泥∶废玻璃＝60.75％∶29.25％∶10％

　　由试验安排可知，随着粉煤灰掺量的增加，赤泥的掺量增加，废玻璃的掺量减少。由图 4-1 可知，当粉煤灰掺量为 33.75％、赤泥为 16.25％、废玻璃为 50％时，泡沫玻璃发泡较好，但是孔径大小和孔的分布不太均匀，泡沫玻璃内部存在较密实的部分；当粉煤灰掺量为 40.5％、赤泥掺量为 19.5％、废玻璃为 40％时，泡沫玻璃的发泡效果相对最好，孔径大小差别不大，孔的分布也比较均匀；随着粉煤灰的掺量进一步增加，泡沫玻璃的发泡效果变差，粉煤灰掺量为 60.75％、赤泥掺量为 29.25％、废玻璃掺量为 10％时，试样基本上没有发泡。

　　2. 赤泥-粉煤灰基泡沫玻璃配方对泡沫玻璃密度的影响

　　赤泥-粉煤灰基泡沫玻璃配方对泡沫玻璃密度的影响如图 4-2 所示。

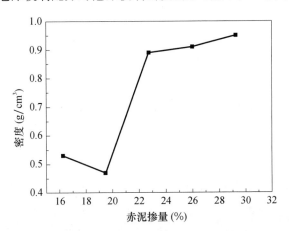

图 4-2　赤泥-粉煤灰基泡沫玻璃配方对泡沫玻璃密度的影响

　　由图 4-2 可知，随着赤泥掺量的增加，泡沫玻璃的密度先降低后增大。在赤泥掺量为 19.5％、粉煤灰掺量为 40.5％、废玻璃掺量为 40％时，泡沫玻璃的密度最小，约为 0.47g/cm³。当赤泥掺量为 16.25％、粉煤灰掺量为 33.75％、废玻璃掺量为 50％时，泡沫玻璃的密度为 0.53g/cm³，略大于废玻璃掺量为 40％时的密度，这可能是由于玻璃相较多，更易于发泡，在发泡剂种类、掺量、发泡温度和保温时间一致的情况下，玻璃相的黏度较低，表面张力较小，导致发泡后的气泡合并成为大气泡，孔径大小和孔的分布不均匀。而废玻璃掺量小于40%时，随着废玻璃掺量的降低，泡沫玻璃密度越来越大，玻璃相太少导致发泡效果越来越差。因此，玻璃相过多或者过少都对泡沫玻璃的发泡不利。

3. 赤泥-粉煤灰基泡沫玻璃配方对泡沫玻璃吸水率的影响

赤泥掺量对泡沫玻璃吸水率的影响如图4-3所示。

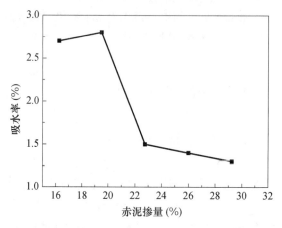

图4-3　赤泥掺量对泡沫玻璃吸水率的影响

由图4-3可知，随着赤泥掺量的增加，泡沫玻璃的吸水率先增大后降低。结合图3-13、图3-14和图3-15来看，废玻璃掺量小于30%以后，泡沫玻璃发泡效果很差，材料相对密实，因此吸水率小。废玻璃掺量为40%时，泡沫玻璃的吸水率略大于废玻璃掺量50%的样品，约高4%。

综合考虑发泡效果、密度和吸水率，赤泥-粉煤灰基泡沫玻璃较适宜的基体材料配方为赤泥掺量19.5%、粉煤灰掺量40.5%、废玻璃掺量40%。

4.3.2　赤泥-粉煤灰基泡沫玻璃烧制工艺制度研究

1. 发泡温度对赤泥-粉煤灰基泡沫玻璃的影响

1) 发泡温度对赤泥-粉煤灰基泡沫玻璃宏观结构的影响

发泡温度对赤泥-粉煤灰基泡沫玻璃宏观结构的影响如图4-4所示。

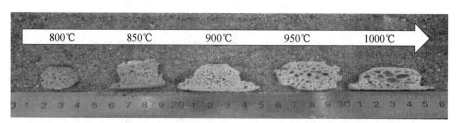

图4-4　发泡温度对赤泥-粉煤灰基泡沫玻璃宏观结构的影响

由图4-4可知，随着发泡温度的升高，泡沫玻璃发泡越来越充分。发泡温度为800℃、850℃和900℃时，泡沫玻璃孔隙数量较少、孔径较小；发泡温度为950℃时，孔径较大且均匀，孔的分布也最均匀；发泡温度为1000℃时，泡沫玻璃中有大孔、有小孔，孔径大小不均匀，孔的分布也不均匀。发泡温度低，泡沫玻璃中的发泡剂不能有效发泡，发泡温度过高，玻璃相黏度降低，发泡剂产生的气泡容易迁移、汇聚形成大气泡，甚至逸出表面。因此，较适宜的发泡温度为950℃。

2）发泡温度对赤泥-粉煤灰基泡沫玻璃密度的影响

发泡温度对赤泥-粉煤灰基泡沫玻璃密度的影响如图4-5所示。

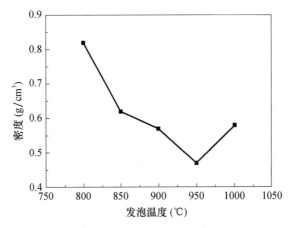

图4-5　发泡温度对赤泥-粉煤灰基泡沫玻璃密度的影响

由图4-5可知，随着发泡温度的上升，泡沫玻璃的密度先降低后升高。发泡温度低时，发泡剂不能充分发挥作用，材料密实，密度较大；发泡温度过高时，高温下液相黏度降低，气体容易发生位置的迁移，导致气泡变大甚至逸出，液相不能很好地将气泡裹覆并在内部保留下来。因此，发泡温度为950℃时泡沫玻璃密度最小，约为0.47g/cm³；而发泡温度升高到1000℃时，泡沫玻璃的密度约为0.58g/cm³，较950℃时增大了23%。

3）发泡温度对赤泥-粉煤灰基泡沫玻璃吸水率的影响

发泡温度对赤泥-粉煤灰基泡沫玻璃吸水率的影响如图4-6所示。

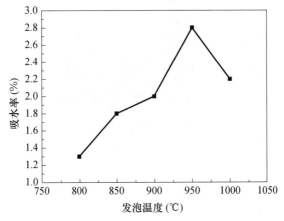

图4-6　发泡温度对赤泥-粉煤灰基泡沫玻璃吸水率的影响

由图 4-6 可知，随着发泡温度的升高，泡沫玻璃的吸水率先增大后降低。泡沫玻璃发泡越充分，孔隙率越高，泡沫玻璃的吸水率越大；泡沫玻璃内部结构越密实，泡沫玻璃的吸水率越小。因此，发泡温度为 950℃ 时，泡沫玻璃吸水率最大；发泡温度为 800℃ 时，泡沫玻璃吸水率最小。但总体来说，赤泥-粉煤灰基泡沫玻璃吸水率整体较低，950℃ 时吸水率最大，但也仅有 2.8%，约为同等条件下赤泥-硅灰基泡沫玻璃吸水率的 37%，说明粉煤灰的加入可以优化泡沫玻璃的孔结构。

2. 发泡保温时间对赤泥-粉煤灰基泡沫玻璃的影响

1）发泡保温时间对赤泥-粉煤灰基泡沫玻璃宏观结构的影响

发泡保温时间对赤泥-粉煤灰基泡沫玻璃宏观结构的影响如图 4-7 所示。

图 4-7 发泡保温时间对赤泥-粉煤灰基泡沫玻璃宏观结构的影响

由图 4-7 可知，发泡保温时间为 30min 时，泡沫玻璃出现了较多小孔洞，但分布不均匀；发泡保温时间为 60min 时，泡沫玻璃上遍布大大小小的孔隙；发泡保温时间为 90min 时，泡沫玻璃中存在一部分孔隙，但局部比较密实，应该是由于保温时间长，液相黏度降低、填充气孔，导致材料变得密实。

2）发泡保温时间对赤泥-粉煤灰基泡沫玻璃密度的影响

发泡保温时间对赤泥-粉煤灰基泡沫玻璃密度的影响如图 4-8 所示。

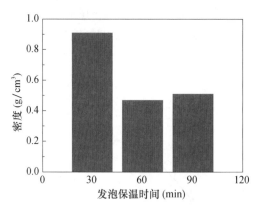

图 4-8 发泡保温时间对赤泥-粉煤灰基泡沫玻璃密度的影响

由图 4-8 可知，随着发泡保温时间的延长，赤泥-粉煤灰基泡沫玻璃的密度先降低后增大。这与泡沫玻璃的发泡情况是有关系的。由图 4-7 可知，发泡保温时间为 60min 的泡沫玻璃发泡充分，且孔径大小和孔的分布都较均匀，而发泡保温时间为30min的泡沫玻璃尚未充分发泡，发泡保温时间为90min时，泡沫玻璃内部孔隙的大小和分布都变得不均匀，导致密度升高。发泡保温时间为60min的泡沫玻璃密度分别较发泡保温时间为30min和90min的泡沫玻璃低48％和8％。

3）发泡保温时间对赤泥-粉煤灰基泡沫玻璃吸水率的影响

发泡保温时间对赤泥-粉煤灰基泡沫玻璃吸水率的影响如图4-9所示。

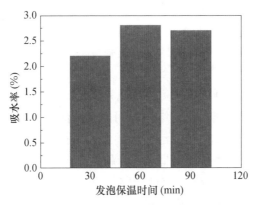

图4-9　发泡保温时间对赤泥-粉煤灰基泡沫玻璃吸水率的影响

由图4-9可知，随着发泡保温时间的延长，赤泥-粉煤灰基泡沫玻璃的吸水率先升高后略有降低，这也与泡沫玻璃的发泡情况相对应。发泡越充分，孔隙率越高，密度越小，泡沫玻璃的吸水率越大；泡沫玻璃密实度越高，吸水率越小。发泡保温时间为60min的泡沫玻璃吸水率分别较发泡保温时间为30min和90min的泡沫玻璃高27％和4％。

综合考虑不同工艺制度下赤泥-粉煤灰基泡沫玻璃的发泡效果、密度和吸水率，发泡温度为950℃、发泡保温时间为60min时性能较好。

4.4　发泡剂对赤泥-粉煤灰基泡沫玻璃性能的影响

要获得性能优良的泡沫玻璃，选择合适的发泡剂至关重要。发泡剂的种类、细度和掺量等决定了泡沫玻璃的孔结构，直接影响着泡沫玻璃的性能；此外，发泡剂的发泡温度应与配合料的熔融温度相匹配，才能制备出性能优良的泡沫玻璃。

发泡剂能够促进配合料产生泡沫从而形成气孔结构，一般分为两大类，一是高温自身分解类，二是高温化学反应类。

由于发泡剂的选用、含量和颗粒级配对泡沫玻璃制品中的气体量及其孔径分布产生很大的影响，选择发泡剂要遵循如下原则：首先，发泡剂价格低廉，存储稳定，无毒、无危害。其次，发泡剂能够与配合料混合均匀，分解时不会大量放热，不影响配合料的熔融和固化，其残渣无毒性。最后，发泡剂释放出来的气体应无毒，无腐蚀，不燃烧。

不同成分的泡沫玻璃配合料，其软化温度也不同。通过配合料坯体的软化温度确定发泡温度，使发泡剂在配合料软化时能够发泡，达到较好的发泡效果。而理想的发泡剂有着较窄的产生气体的温度范围，且其温度范围能与配合料的软化温度相匹配。

管艳梅等人研究了碳酸钙对磷渣-煤矸石烧结多孔微晶玻璃结构和性能的影响，研究表明碳酸钙掺量不影响体系析晶相的种类，但体系析晶度随碳酸钙掺量增加先增高后降低；碳酸钙掺量为 2%～6%（质量分数）时，增大掺量利于发泡，体系中气孔孔径增大且趋于均匀，试样孔隙率增大，体积密度降低。但随着掺量进一步增大，体系发泡效果降低，当碳酸钙掺量为 4%～8%（质量分数）时，可获得体积密度为 0.86～0.92g/cm³、孔隙率为 60.7%～70.3%、抗压强度为 7.89～15.11MPa、性能较优的硅灰石多孔微晶玻璃。

谢志翔等人以无碱玻璃纤维废丝为主要原料、以 SiC 为发泡剂，用烧结发泡法制备了高强度低密度保温泡沫玻璃。研究结果表明随着发泡剂含量的增加，孔径逐渐增大，表观密度和抗压强度降低，过多的发泡剂会导致大气孔的出现；随着发泡温度的提高，泡沫玻璃的气孔逐渐增大，表观密度呈现下降趋势，当发泡温度过高时会导致大孔和连通孔的出现；当发泡剂含量为 3%（质量分数）、发泡温度为 950℃、保温时间为 30min 时制得的泡沫玻璃综合性能最佳，表观密度为 0.216g/cm³，抗压强度为 8MPa，抗折强度为 4MPa，吸水率为 0.28%，导热系数为 0.061W/（m·K）。

唐智恒研究了发泡剂对钼尾矿基泡沫玻璃黏度及导热系数的影响，结果表明钼尾矿泡沫玻璃烧结样品的液相黏度随 SiC 掺量（0%～3.0%，质量分数）增加而降低，导致样品孔隙和孔径均增大，从而增强样品的整体膨胀；当使用较低掺量（<4.0%，质量分数）的 $CaCO_3$ 作为发泡剂时，样品烧结过程中的液相黏度先降低，当 $CaCO_3$ 掺量>4.0%（质量分数），随着 $CaCO_3$ 掺量增加，会先提高液相高黏度对应的温度值，而随着温度的上升又降低液相低黏度对应的温度值；使用 Na_2CO_3 作为发泡剂，随着发泡剂掺量从 0%（质量分数）增加至 12%（质量分数）时，会急剧降低烧结过程中的液相黏度。

此外，还有一些科研工作者研究了煤粉、氧化铁粉、硫酸钙等发泡剂对泡沫玻璃制备的影响。总而言之，有关发泡剂对泡沫玻璃的影响，一般都围绕着泡沫玻璃种类、掺量、发泡温度、保温时间等参数进行研究。

4.4.1 发泡剂对赤泥-粉煤灰基泡沫玻璃宏观结构的影响

$CaCO_3$、MnO_2 和 $Na_2SiO_3 \cdot 9H_2O$ 对赤泥-粉煤灰基泡沫玻璃宏观结构的影响如图 4-10～图 4-12 所示。

由图 4-10 可以看出，随着 $CaCO_3$ 掺量的递增，孔径变化不明显，但掺量过高（高于 4%）时，大气孔和连通孔出现；掺量过低（2%）时，发泡不充分，气泡较少；掺量为 3% 时，气孔相对均匀，孔径为 2～3mm。

由图 4-11 可以看出，随着 MnO_2 掺量的递增，气孔发展较大，气孔形状多变为椭圆形，掺量为 3% 时，发泡效果相对良好，试样表面有光泽，孔壁厚薄适中，孔径大多

图 4-10　$CaCO_3$ 对赤泥-粉煤灰基泡沫玻璃宏观结构的影响

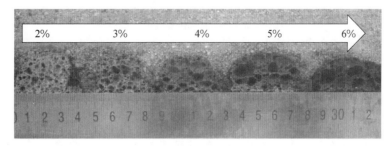

图 4-11　MnO_2 对赤泥-粉煤灰基泡沫玻璃宏观结构的影响

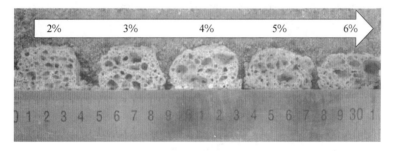

图 4-12　$Na_2SiO_3 \cdot 9H_2O$ 对赤泥-粉煤灰基泡沫玻璃宏观结构的影响

数为 3mm，均匀分布。

由图 4-12 可以看出，随着 $Na_2SiO_3 \cdot 9H_2O$ 掺量的递增，结合水会增多，高温下水汽增多，使发泡不均匀，大小孔现象比较突出，各掺量均存在未充分发泡的小气孔，孔壁较厚。

4.4.2　发泡剂对赤泥-粉煤灰基泡沫玻璃密度的影响

发泡剂对赤泥-粉煤灰基泡沫玻璃密度的影响如图 4-13 所示。

由图 4-13 可以看出，随着发泡剂掺量的增加，泡沫玻璃样品的密度逐渐降低，且降低的趋势逐渐减小；同等掺量情况下，$CaCO_3$ 发泡的泡沫玻璃密度最低，以 $Na_2SiO_3 \cdot 9H_2O$ 为发泡剂时样品密度最高。发泡剂掺量为 3% 时，$CaCO_3$ 发泡的泡沫玻璃密度为 0.47g/cm³，较 MnO_2 发泡的泡沫玻璃密度低约 19%，较 $Na_2SiO_3 \cdot 9H_2O$ 发泡的泡沫

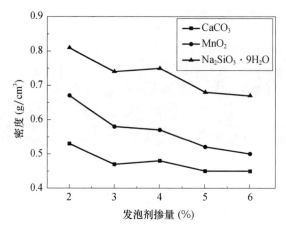

图 4-13 发泡剂对赤泥-粉煤灰基泡沫玻璃密度的影响

玻璃密度低约 36％。

随着发泡剂掺量的增加，密度降低，是因为随着掺量的增加，发泡剂反应分解气体量随之增大，样品烧结产生的微细闭合气孔量增加，孔内气压增加，使内部持续增大的气孔进一步膨胀，大气孔和连通孔出现，使试样体积增大，密度降低。

4.4.3 发泡剂对赤泥-粉煤灰基泡沫玻璃吸水率的影响

发泡剂对赤泥-粉煤灰基泡沫玻璃吸水率的影响如图 4-14 所示。

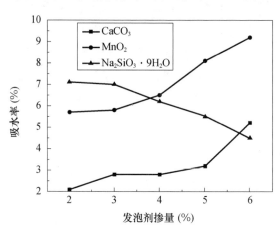

图 4-14 发泡剂对赤泥-粉煤灰基泡沫玻璃吸水率的影响

由图 4-14 可知，以 $CaCO_3$ 或 MnO_2 为发泡剂时，随着其掺量的递增，试样的吸水率增大，因为随着发泡剂掺量的增加，生成的气体量增多，孔内气压随之增大，配合料中产生的微细闭合气孔量增加，使内部持续增大的气孔会再膨胀，微气孔逐渐结合发泡成为大气孔和连通孔，水可以进入泡沫玻璃内部，形成储水空间，吸水率增大。

以 $Na_2SiO_3 \cdot 9H_2O$ 为发泡剂时，随着其掺量的递增，试样的吸水率减小，因为使用 $Na_2SiO_3 \cdot 9H_2O$ 时，发泡形成的孔隙大多数属于闭口孔，随着该掺量的增加，开口孔减少，闭口孔增多，试样吸水量降低。

以 $CaCO_3$ 为发泡剂的泡沫玻璃的吸水率整体较低，6％$CaCO_3$ 掺量的泡沫玻璃的吸水率较 6％$Na_2SiO_3 \cdot 9H_2O$ 掺量的泡沫玻璃的吸水率高约 16％，但发泡较好的 3％$CaCO_3$ 掺量的泡沫玻璃的吸水率较 6％$Na_2SiO_3 \cdot 9H_2O$ 掺量的泡沫玻璃的吸水率低约 38％。

综合考虑发泡剂对赤泥-粉煤灰基泡沫玻璃的发泡情况、密度和吸水率的影响，赤泥-粉煤灰基泡沫玻璃以 $CaCO_3$ 为发泡剂较合适，且较适宜的掺量为 3％。此时，泡沫玻璃的密度为 0.47g/cm^3，吸水率为 2.8％。

4.5 稳泡剂对赤泥-粉煤灰基泡沫玻璃性能的影响

泡沫玻璃的性能由玻璃相的化学组成、晶相的矿物组成以及它们的数量和气孔率来决定。所以选择合适的发泡剂、稳泡剂及其含量对泡沫微晶玻璃的性能是特别重要的。

左李萍等人使用粉煤灰制备泡沫微晶玻璃，粉煤灰利用率达到 53％；确定最佳发泡剂是碳酸钙，用量为 5％；最佳稳泡剂是十二水磷酸钠，用量为 5％。制备出的泡沫微晶玻璃性能优异：密度为 1.02g/cm^3，气孔率达 54.8％，热膨胀系数是 $7.51 \times 10^{-6}℃^{-1}$，抗压强度是 19.2MPa，抗弯强度是 16.3MPa。

侯婷以废玻璃粉为基料，通过引入沸石作为造孔剂，并添加助熔剂和稳泡剂制备泡沫玻璃。结果表明，以沸石为单一造孔剂制备泡沫玻璃时，沸石和废玻璃的配比为 2∶8，稳泡剂磷酸钠的添加量为 4％（质量分数），制备出的泡沫玻璃样品密度为 889kg/m^3，抗折强度为 6.57MPa，总气孔率为 68.7％，显气孔率为 6.7％，吸水率为 7.55％，导热系数为 0.105W/（m·K），样品具有优异的耐酸腐蚀性能。

申鹏飞等人以粉煤灰和玻璃粉为主要原料，分别以二氧化钛、氧化铁、磷酸钠、磷酸钾、硼酸为稳泡剂制备泡沫玻璃，研究了稳泡剂种类及掺量对粉煤灰泡沫玻璃物理性能的影响。试验结果表明，磷酸钠为稳泡剂时，材料的表观密度最低可达 0.212g/cm^3，导热系数最低可达 0.0499W/（m·K），孔径大小适中，分布均匀，是制备粉煤灰泡沫玻璃较为合适的稳泡剂。

陆金驰等人以煤粉炉渣为主要原料，以碳酸钙作为发泡剂、以磷酸钠作为稳泡剂，再加入其他辅助原料制备了微晶泡沫玻璃。结果表明，当发泡剂和稳泡剂的掺量分别为 4.5％和 5％、发泡温度为 1000℃、发泡保温时间为 20min 时，试样已经完全转化为微晶泡沫玻璃，主晶相为硅灰石，次晶相为钙长石和辉石，平均泡径达 2.03mm，表观密度为 938kg/m^3，气孔率达 52.6％，抗压强度达 17.95MPa，抗弯强度达 12.51MPa，热膨胀系数达 $5.67 \times 10^{-6}℃^{-1}$，导热系数 0.20W/（m·K）。

张立涛等人利用含硼废渣制备泡沫玻璃，研究添加剂掺入量对泡沫玻璃性能的影响。试验结果表明，添加剂的最优掺入量分别为：发泡剂碳化硅掺量 1.5％，稳泡剂磷酸钠掺量 5％，助熔剂碳酸钠掺量 5％。

杨卓晓等人以镁还原渣和废玻璃为主要原料制备泡沫玻璃，结果表明，当发泡剂、稳泡剂和助熔剂的掺量分别为 2.0%、3.0% 和 2.0% 时，得到的泡沫玻璃性能最好，其表观密度为 598kg/m^3，抗压强度为 5.34MPa，吸水率为 0.43%。

本研究选用 Na_3PO_4 和无水碳酸钠作为稳泡剂，研究了其对赤泥-粉煤灰基泡沫玻璃性能的影响。

4.5.1　稳泡剂对赤泥-粉煤灰基泡沫玻璃宏观结构的影响

Na_3PO_4 和无水碳酸钠对赤泥-粉煤灰基泡沫玻璃宏观结构的影响如图 4-15 和图 4-16 所示。

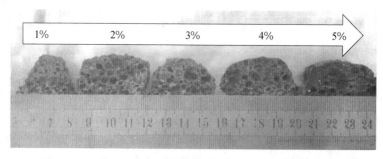

图 4-15　Na_3PO_4 对赤泥-粉煤灰基泡沫玻璃宏观结构的影响

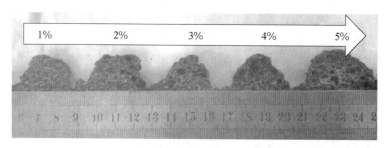

图 4-16　无水碳酸钠对赤泥-粉煤灰基泡沫玻璃宏观结构的影响

由图 4-15 可知，以 Na_3PO_4 为稳泡剂，掺量为 1%～5% 时，泡沫玻璃的气孔都能均匀分布，大小差别不明显，试样发泡整体较好。但掺量为 2% 时，气泡相对更加稳定，孔径约为 3mm，整体分布良好。

由图 4-16 可知，无水碳酸钠作为稳泡剂，掺量为 1%～5% 的泡沫玻璃形成的气泡都不均匀，并都出现表面剥落现象，试样整体损失严重，稳泡剂的作用很差，掺量越高，孔壁越薄。

4.5.2　稳泡剂对赤泥-粉煤灰基泡沫玻璃密度的影响

稳泡剂对赤泥-粉煤灰基泡沫玻璃密度的影响如图 4-17 所示。

由图 4-17 可知，随着稳泡剂掺量的增加，泡沫玻璃的密度越来越低，同等掺量情况下，以 Na_3PO_4 为稳泡剂的泡沫玻璃密度高于以无水碳酸钠为稳泡剂的泡沫玻璃的

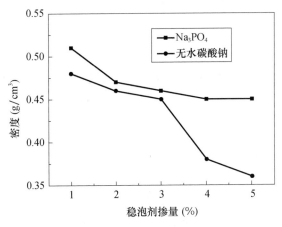

图 4-17 稳泡剂对赤泥-粉煤灰基泡沫玻璃密度的影响

密度。无水碳酸钠在高温时产生的 CO_2 起发泡作用，稳泡作用降低，因此密度更低。

4.5.3 稳泡剂对赤泥-粉煤灰基泡沫玻璃吸水率的影响

稳泡剂对赤泥-粉煤灰基泡沫玻璃吸水率的影响如图 4-18 所示。

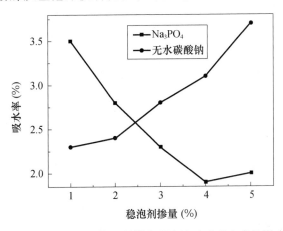

图 4-18 稳泡剂对赤泥-粉煤灰基泡沫玻璃吸水率的影响

由图 4-18 可知，以 Na_3PO_4 为稳泡剂时，随着掺量的增加，试样的吸水率减小，说明随着稳泡剂的增加，试样内部生成闭口孔的趋势加强，在密度降低的情况下，吸水率也在降低。而以无水碳酸钠为稳泡剂时，随着掺量的递增，试样的吸水率增大，是因为掺量增加，无水碳酸钠高温分解放出 CO_2 气体，使气孔出现了合并连通的情况，稳泡的作用有所降低，大气孔数量增加，吸收更多水量，吸水率随之增大。

综合考虑稳泡剂对发泡效果、密度和吸水率的影响，5％掺量的 Na_3PO_4 为稳泡剂时，制得样品的密度和吸水率均最低；但 2％掺量的 Na_3PO_4 为稳泡剂时，制得样品的孔径大小和气泡分布都更均匀。与 5% 掺量的 Na_3PO_4 为稳泡剂时制得样品的密度和吸水率相比，Na_3PO_4 掺量为 2% 时，密度高约 4%，吸水率高约 40%。

4.6 助熔剂对赤泥-粉煤灰基泡沫玻璃性能的影响

一般情况下，富含玻璃相的原料熔融温度比发泡剂反应温度高，发泡时气体容易从配合料中逸出。因此，为获得性能优良的泡沫玻璃，必须往配合料中加入一定量的助熔剂使玻璃易于熔融。

张辉等人以赤泥为助熔剂、以长石为主要原料、以碳化硅微粉为发泡剂，通过模压成型、高温发泡等工序制备了长石质发泡陶瓷，研究了赤泥含量对发泡陶瓷性能的影响。结果表明以赤泥为助熔剂，可以有效降低发泡陶瓷的发泡温度，大幅提升碳化硅发泡剂的利用效率；随着赤泥含量的增加，发泡陶瓷内部形成的泡孔逐渐增多，孔径逐渐增大，线性膨胀率先增大后降低。

王承遇等人以硼镁矿渣为主要原料，经选矿、除铁后，加入添加剂配制成适用于不同玻璃品种的助熔剂，在工厂生产中实际应用，可以促进熔化、提高熔化率、降低玻璃的成本、改善玻璃质量。

徐长伟等人以铜尾矿为主要原料，采用烧结法制备了 $CaO-MgO-Al_2O_3-SiO_2$ 系微晶玻璃。结果表明：助熔剂的加入有利于玻璃配合料烧结过程的进行，并促进了微晶玻璃性能的提高。随着 Na_2O+K_2O 含量的增加，起始析晶温度、摊平温度降低，起始发泡温度、吸水率先降低后升高，体积密度、耐酸性先升高后降低。

刘军等人研究了助熔剂对一次烧结法制取建筑微晶玻璃烧结性的影响，结果表明，助熔剂对一次烧结法制取铁尾矿建筑微晶玻璃低温成型起到关键作用，复合助熔剂可以降低基础玻璃配料的发泡温度和最低共熔温度，基础玻璃配料烧结制品的显气孔率明显减小，体积密度显著提高，制品成型良好。

谢远红研究了助熔剂对氧化铝陶瓷结构及性能的影响，结果表明，当滑石含量为 3.5%、碳酸钡的含量为 5.5% 时，瓷球吸水率、气孔率和体积密度达到极值，此时吸水率为 0.21%，气孔率为 0.67%，体积密度为 $3.18g/cm^3$。

赵田贵等人以 $PbO-B_2O_3-SiO_2$ 系统低熔点玻璃粉为基础，分别添加不同含量的 Li_2O、Na_2O、ZnO 和 B_2O_3，研究助熔剂对玻璃粉始熔温度的影响，以期降低玻璃粉始熔温度，减少能耗。

高温烧结制品一般情况下都会掺入助熔剂，以降低发泡温度、改善制品结构、改善制品性能等。本节选用硼砂和硼酸两种助熔剂，研究助熔剂对泡沫玻璃性能的影响。

4.6.1 助熔剂对赤泥-粉煤灰基泡沫玻璃宏观结构的影响

硼砂和硼酸对赤泥-粉煤灰基泡沫玻璃宏观结构的影响如图 4-19 和图 4-20 所示。

由图 4-19 可知，硼砂掺量小于等于 3% 时泡沫玻璃气泡孔径变化不明显，但掺量超过 3% 时，大气孔和连通孔出现；掺量为 2% 或 3% 时，气孔相对均匀，孔径为 2～3mm，气孔壁厚薄适中。

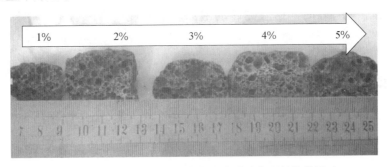

图 4-19 硼砂对赤泥-粉煤灰基泡沫玻璃宏观结构的影响

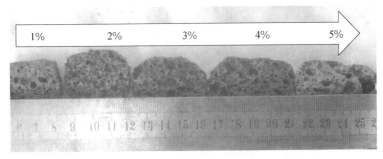

图 4-20 硼酸对赤泥-粉煤灰基泡沫玻璃宏观结构的影响

由图 4-20 可知，硼酸作为助熔剂时，各掺量情况下发泡情况都不太好，小孔过小且密集分布，大孔形状畸形，高掺量（5%）时，玻璃软化过度，发泡较差。

4.6.2 助熔剂对赤泥-粉煤灰基泡沫玻璃密度的影响

助熔剂对赤泥-粉煤灰基泡沫玻璃密度的影响如图 4-21 所示。

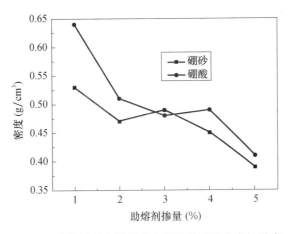

图 4-21 助熔剂对赤泥-粉煤灰基泡沫玻璃密度的影响

由图 4-21 可知，随着助熔剂掺量的增加，泡沫玻璃的密度整体呈现降低的趋势，且同等掺量情况下，掺入硼砂助熔的泡沫玻璃密度低于掺入硼酸助熔的泡沫玻璃的密度。助熔剂掺量为 5％时，掺入硼砂的泡沫玻璃密度较掺入硼酸的泡沫玻璃密度低约 5％。

4.6.3 助熔剂对赤泥-粉煤灰基泡沫玻璃吸水率的影响

助熔剂对赤泥-粉煤灰基泡沫玻璃吸水率的影响如图 4-22 所示。

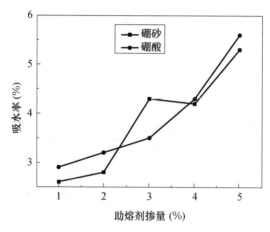

图 4-22 助熔剂对赤泥-粉煤灰基泡沫玻璃吸水率的影响

由图 4-22 可知，随着助熔剂掺量的增加，试样吸水率增大。相同掺量情况下，掺入硼砂助熔的泡沫玻璃试样吸水率相对较小（掺量 3％时例外）。密度最低时，助熔剂掺量为 5％，此时掺入硼砂的泡沫玻璃吸水率为 5.3％，掺入硼酸的泡沫玻璃吸水率为5.6％，较掺入硼砂的泡沫玻璃高约 6％；助熔剂掺量为 1％时，泡沫玻璃吸水率最低，此时掺入硼砂的泡沫玻璃吸水率为 2.6％，掺入硼酸的泡沫玻璃吸水率为 2.9％，较掺入硼砂的泡沫玻璃高约 12％。

综合考虑助熔剂对泡沫玻璃宏观结构、密度和吸水率的影响可知，硼砂助熔效果较好，且较适宜的掺量为 2％，此时泡沫玻璃的密度为 0.47g/cm^3，吸水率为 2.8％。

5

赤泥-煤矸石基泡沫玻璃的制备

5.1　煤矸石的资源化利用研究现状

煤矸石是在成煤过程中伴煤而生的一种废弃岩石，属于煤炭的一种共伴生矿物，在煤炭开采和洗选加工过程中成为一种工业固体废弃物。我国是全球煤炭开采量最大的国家。相关数据表明，煤矸石的产量约占煤炭产量的 10%，我国当前煤矸石的总积累量已超过 70 亿 t，且积累数量逐年递增，成为我国积存量和年增量最大、占用场地最多的工业废弃物。煤矸石作为一种固体废弃物，存在着占用土地面积大、浪费土地资源，释放有毒气体、危害环境，有害矿物质、重金属污染水土等问题。在我国，煤矸石积累量大，价格低廉，对煤矸石的综合利用成为研究的热点和重点，也是走资源节约型、环境友好型社会道路的必然选择，也是形势所需。

煤矸石在建筑方面的应用主要有制备混凝土、陶瓷、水泥、砖等建筑用材料。

王安辉等人采用煤矸石制备混凝土骨料并制备成混凝土，研究不同取代率的煤系偏高岭土对煤矸石混凝土抗压强度、劈拉强度、耐磨性和抗硫酸盐侵蚀性能的影响。结果表明，掺加煤系偏高岭土可显著提高煤矸石混凝土的力学性能。陈彦文等人研究了自燃煤矸石加气混凝土的性能与孔结构，结果表明，利用 30% 自燃煤矸石粉替代加气混凝土中的胶凝材料，可制备出综合性能达到 B05 级和 B06 级要求的制品。王长龙等人以煤矸石和粉煤灰为主要原料制备加气混凝土，制备出的制品的干密度为 $588kg/m^3$，抗压强度为 3.65MPa，达到《蒸压加气混凝土砌块》（GB 11968—2020）规定的 A3.5、B06级加气混凝土合格品的要求。邱继生等研究了冻融作用下煤矸石陶粒混凝土力学性能的衰减规律，结果表明，煤矸石掺量对混凝土动弹性模量和力学性能衰减规律的影响明显。张林春等将粉磨之后的煤矸石掺入混凝土中制备了煤矸石泡沫混凝土，结果表明，水料比为 0.27 时，掺煤矸石泡沫混凝土的体积密度随煤矸石粉掺量的增加先降低后增高；泡沫混凝土的抗压强度随着材料的水料比以及煤矸石掺量的增加而降低。

孙晓刚等人以黄金尾砂和煤矸石为主要原料，以微硅粉、方解石、钠长石和滑石为辅助原料，以碳化硅为发泡剂，制备发泡陶瓷。结果表明，黄金尾砂和煤矸石可以制备发泡陶瓷，发泡陶瓷体积密度和抗压强度随着微硅粉掺量的增加均先降低后增高，随着发泡剂掺量的增加均明显降低。石纪军等人以尾砂、煤矸石为主要原料，采用发泡法制备闭孔泡沫陶瓷。结果表明，随着泡沫陶瓷密度从 $0.15g/cm^3$ 增高至 $0.55g/cm^3$，产品的导热系数从 $0.06W/（m·K）$ 增大到 $0.20W/（m·K）$，相应的抗压强度从 $0.3MPa$ 提高到 $15.2MPa$。王琨等人采用煤矸石制备发泡陶瓷，利用圆台预埋法人工造孔，为残余炭的燃烧提供气流通道，解决了材料内部存在的黑心问题。娄广辉等人以煤矸石和低品位铝矾土为主要原料，以长石作为助熔剂，振实成型后在 1200℃下焙烧成泡沫陶瓷。甄强等人利用煤矸石作为主要原料，以有机物交联丙烯酸树脂作为造孔剂，合成多孔复相陶瓷，性能符合高效能外墙外保温材料标准。

刘谦等人分析了温度对煤矸石活性的影响以及煤矸石添加量对水泥强度的影响，研究结果对确定煤矸石添加量提供了理论依据，指导了煤矸石在凝胶材料中的应用。陈杉等人利用工业废渣煤矸石替代硅石生产优质 G 级油井水泥，最终获得了各大油田配伍性能良好的高质量低成本的油井水泥。吴振华等人将煤矸石作为掺和料掺入水泥之中，水泥水化产物中未水化的 C_3S 峰值有减少的趋势，随着"二次水化反应"的进行，大量的 Ca^{2+} 被消耗，导致钙矾石大量减少。陈杰等人采用活化煤矸石部分取代波特兰水泥的方式，对比研究了活化煤矸石对活化煤矸石-水泥复合胶凝材料的凝结时间、力学性能和水化热反应等的影响，结果表明，活化煤矸石取代硅酸盐水泥熟料的最佳掺量为 30%，此掺量下能保证良好的力学性能与工作性能。

尹青亚等人针对工业废渣煤矸石和赤泥烧结多孔砖工艺性能可行性半工业性试验以及烧成小样强度等项目进行了分析与试验，结果表明，采用煤矸石、赤泥，再添加一定量杂泥土，可以制备出优质烧结多孔砖。为满足《建筑材料放射性核素限量》（GB 6566—2010）要求，赤泥掺量不宜太多，煤矸石和赤泥总用量达到 75%，制备的烧结多孔砖强度等级可达到 MU18。刘灏等人在页岩砖原料中加入 30%煤矸石粉末制成煤矸石烧结页岩砖后研究了其耐久性，其泛霜及石灰爆裂均符合国家规范要求。丁海萍等人以锡林郭勒地区的褐煤粉煤灰、煤矸石为主要原料，以炉渣为骨料制备烧结透水砖。该透水砖性能较优，其抗压强度为 31.2MPa，透水系数为 $1.12×10^{-2}cm/s$。徐芹等人以煤矸石固体废物为主要原料，通过焙烤工艺制作保温砖，其抗压强度和保温性能均满足建筑要求。

煤矸石作为一种煤基工业固体废弃物，含有未燃炭，高温烧结情况下有气体逸出，因此特别适用于高温烧结制备多孔材料。

5.2　试验方法

5.2.1　试验设计

1. 试验材料及配方

赤泥-煤矸石基泡沫玻璃的基体材料为赤泥、煤矸石和废玻璃，发泡剂为 $CaCO_3$，

稳泡剂为 Na_3PO_4，助熔剂为硼砂。本研究中用到的赤泥、煤矸石和废玻璃的化学组成见表 5-1，其余成分为分析纯。

表 5-1 赤泥、煤矸石和废玻璃的化学组成 %，质量分数

化学组成	SiO_2	CaO	Al_2O_3	MgO	Fe_2O_3	Na_2O+K_2O
赤泥	20.92	17.79	28.30	1.84	12.98	10.30
煤矸石	60.62	2.27	25.56	0.97	4.97	2.99
废玻璃	66.03	11.39	2.63	1.71	1.25	14.42

赤泥-煤矸石基泡沫玻璃配方设计见表 5-2。

表 5-2 赤泥-煤矸石基泡沫玻璃配方设计 %，质量分数

废玻璃	赤泥	煤矸石	碳酸钙	硼砂	磷酸钠
50	18.30	31.70	3	2	2
40	21.90	38.10	3	2	2
30	25.55	44.45	3	2	2
20	29.20	50.80	3	2	2
10	32.85	57.15	3	2	2

2. 试样制备工艺

泡沫玻璃的制备工艺流程如图 3-1 所示，与赤泥-硅灰基泡沫玻璃相同。

将经过混合处理的试验原材料进行同步热分析，TG 曲线和 DSC 曲线如图 5-1 所示。由 TG 曲线可知，在试验选取的 1000℃热分析范围内，质量损失不到 4%，分析认为热质损失的原因在于加热过程中物质分解和水分蒸发。由 DSC 曲线可知，混合料在 658℃温度下出现吸热峰，表明发泡剂碳酸钙开始进入分解阶段，混合料逐渐发生玻璃化转变；在 914℃附近达到峰值，说明玻璃化转变基本完成。为使烧结体液相的黏度和

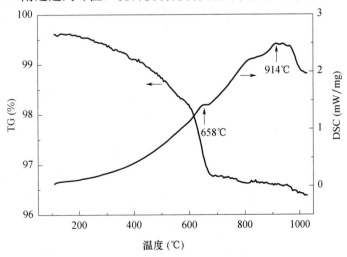

图 5-1 赤泥-煤矸石基泡沫玻璃混合料的热分析曲线

表面张力能够包裹住气体，形成蜂窝状泡孔构造，试验中选择950℃作为发泡温度，因此，试验中设定的预热温度为500℃、预热时间为30min，而后逐渐升温至950℃，保温30min，随炉冷却退火至室温。

赤泥-煤矸石基泡沫玻璃的烧结工艺制度也按预热、烧结发泡、退火这几个阶段进行。烧成工艺曲线与赤泥-硅灰基泡沫玻璃相同，如图3-3所示。

烧结制度设计见表5-3，首先研究发泡温度对泡沫玻璃性能的影响。

表5-3　赤泥-煤矸石基泡沫玻璃烧结制度设计（发泡温度）

序号	预热升温速率（℃/min）	预热保温时间（min）	预热温度（℃）	发泡升温速率（℃/min）	发泡温度（℃）	发泡保温时间（min）
1	7	30	500	9	800	30
2	7	30	500	9	850	30
3	7	30	500	9	900	30
4	7	30	500	9	950	30
5	7	30	500	9	1000	30

暂定发泡温度为950℃，后期根据结果再做相应调整。发泡保温时间对泡沫玻璃性能的影响研究设计见表5-4。

表5-4　赤泥-粉煤灰基泡沫玻璃烧结制度设计（发泡保温时间）

序号	预热升温速率（℃/min）	预热保温时间（min）	预热温度（℃）	发泡升温速率（℃/min）	发泡温度（℃）	发泡保温时间（min）
1	7	30	500	9	950	30
2	7	30	500	9	950	60
3	7	30	500	9	950	90

3. 改性剂对泡沫玻璃性能的影响

以发泡剂为研究对象时，所用的发泡剂有$CaCO_3$、MnO_2、九水硅酸钠。试验试样的配料组成见表5-5。

表5-5　试样的配料组成　　　　　　　　％，质量分数

废玻璃	赤泥	煤矸石	磷酸三钠	硼砂	发泡剂
40	21.9	38.1	2	2	2
40	21.9	38.1	2	2	3
40	21.9	38.1	2	2	4
40	21.9	38.1	2	2	5
40	21.9	38.1	2	2	6

以稳泡剂为研究对象时，所用的稳泡剂有Na_3PO_4、无水碳酸钠。试样的配料组成见表5-6。

表 5-6 试样的配料组成 %，质量分数

废玻璃	赤泥	硅灰	碳酸钙	硼砂	稳泡剂
40	21.9	38.1	3	2	1
40	21.9	38.1	3	2	2
40	21.9	38.1	3	2	3
40	21.9	38.1	3	2	4
40	21.9	38.1	3	2	5

以助熔剂为研究对象时，所用的助熔剂有硼砂、硼酸。试样的配料组成见表 5-7。

表 5-7 试样的配料组成 %，质量分数

废玻璃	赤泥	硅灰	碳酸钙	磷酸钠	助熔剂
40	21.9	38.1	3	2	1
40	21.9	38.1	3	2	2
40	21.9	38.1	3	2	3
40	21.9	38.1	3	2	4
40	21.9	38.1	3	2	5

5.2.2 性能测试方法

1. 原料元素含量的测定

本试验采用的是 ZSX Primus II X 射线荧光光谱分析仪测量其元素含量。X 射线荧光光谱分析仪的技术特征：使用低能量的 X 射线照射试样，试样中的一些原子将发射具有自身特征的 X 射线荧光，从而识别其元素，同时无损测定其元素的含量。该试验具有灵敏度高、选择性好、操作简单，可同时分析测量多种元素等优点。在使用时，要进行压片制样，以测定试样主要元素的含量。

2. 差热-热重分析

采用德国 Netzsch STA449F3 同步热分析仪（DSC/TG）对混合料进行热分析，从而获得加热过程中玻璃相转变温度、质量变化等信息。热重法（TG）是在温度程序控制下，测量物质质量与温度之间关系的方法。差示扫描量热法（DSC）是在温度程序控制下，测量输入物和参比物的功率差与温度关系的一种方法。

3. 形貌观察

本试验主要观察和记录试样整体发泡效果、气孔孔径大小、气孔分布情况、孔壁的厚薄等形貌特征，通过相机拍照，进行对比分析。

4. 密度

用电子天平测量出干燥后样品的质量 m，并测量干燥后样品的长、宽、高，求出体积 V。试样的密度按式（3-1）计算。

5. 质量吸水率

用电子天平测量出干燥样品的质量 m_1，然后将样品放入水中 2h，随后把样品拿出用毛巾擦干表面水分，再用吸水纸在样品的表面擦拭，每个面擦拭两遍，去除表面水分；最后测得样品吸水后的质量 m_2。样品的吸水率按式（3-2）计算。

5.3 赤泥-煤矸石基泡沫玻璃制备工艺研究

5.3.1 赤泥-煤矸石基泡沫玻璃配方优化

1. 赤泥-煤矸石基泡沫玻璃配方对泡沫玻璃宏观结构的影响

煤矸石掺量对泡沫玻璃宏观结构的影响如图 5-2 所示。

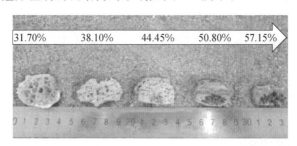

图 5-2　煤矸石掺量对泡沫玻璃宏观结构的影响

由试验安排可知，随着煤矸石掺量的增加，赤泥的掺量增加，废玻璃的掺量减少。由图 5-2 可知，当煤矸石掺量为 31.7％和 38.10％时，泡沫玻璃发泡相对较好；煤矸石掺量持续增加，当煤矸石掺量为 50.80％和 57.15％时，泡沫玻璃被烧成了密实的一块儿，边缘处出现了较大的孔洞；煤矸石掺量为 44.45％时，泡沫玻璃中孔隙也不少，但是孔径普遍偏小，且孔距较远、孔壁较厚。

2. 赤泥-煤矸石基泡沫玻璃配方对泡沫玻璃密度的影响

赤泥-煤矸石基泡沫玻璃配方对泡沫玻璃密度的影响如图 5-3 所示。

由图 5-3 可知，随着赤泥掺量的增加，泡沫玻璃的密度先降低后增高。在赤泥掺量为 21.9％、煤矸石掺量为 38.1％、废玻璃掺量为 40％时，泡沫玻璃的密度最小，约为 0.50g/cm³。当赤泥掺量为 18.3％、煤矸石掺量为 31.7％、废玻璃掺量为 50％时，泡沫玻璃的密度为 0.67g/cm³，较废玻璃掺量为 40％时的泡沫玻璃高 34％。这可能是由于玻璃相较多，在发泡剂种类、掺量、发泡温度和保温时间一致的情况下，液体玻璃相的黏度较低，气泡容易发生迁移合并成为大气泡，结合图 5-2 和表 5-2 可以发现，废玻璃掺量为 50％时，泡沫玻璃中的孔隙确实尺寸较大。而废玻璃掺量小于 40％时，随着废玻璃掺量的降低，泡沫玻璃密度越来越高，玻璃相太少，导致发泡效果越来越差。因此，玻璃相过多或者过少都对泡沫玻璃的发泡不利。

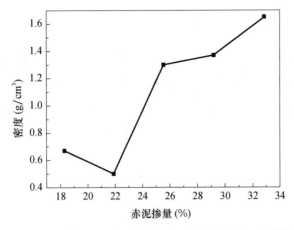

图 5-3 赤泥-煤矸石基泡沫玻璃配方对泡沫玻璃密度的影响

3. 赤泥-煤矸石基泡沫玻璃配方对泡沫玻璃吸水率的影响

赤泥-煤矸石基泡沫玻璃配方对泡沫玻璃吸水率的影响如图 5-4 所示。

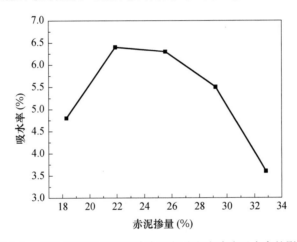

图 5-4 赤泥-煤矸石基泡沫玻璃配方对泡沫玻璃吸水率的影响

由图 5-4 可知，随着赤泥掺量的增加，泡沫玻璃的吸水率先增大后降低。与同为煤基固废的粉煤灰相比，制作泡沫玻璃时，同等条件下赤泥-煤矸石基泡沫玻璃吸水率偏大，这与粉煤灰和煤矸石的内部结构和成分组成是有关系的。粉煤灰制备的泡沫玻璃更容易形成封闭孔隙，而煤矸石本身还有一定量的碳，在高温作用下也会逸出气体，使得烧成样品更容易形成连通孔。

5.3.2 赤泥-煤矸石基泡沫玻璃烧制工艺制度研究

1. 发泡温度对赤泥-煤矸石基泡沫玻璃的影响

1）发泡温度对赤泥-煤矸石基泡沫玻璃宏观结构的影响

发泡温度对赤泥-煤矸石基泡沫玻璃宏观结构的影响如图 5-5 所示。

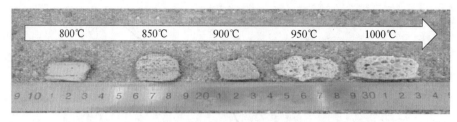

图 5-5　发泡温度对赤泥-煤矸石基泡沫玻璃宏观结构的影响

由图 5-5 可知，随着发泡温度的升高，泡沫玻璃发泡越来越充分。发泡温度为 800℃、850℃和 900℃时，泡沫玻璃孔隙数量较少、孔径较小；发泡温度为 950℃ 和 1000℃时，孔径较大且均匀，但发泡温度为 1000℃时泡沫玻璃的孔隙、孔径整体都较大，孔的数量较少。

2）发泡温度对赤泥-煤矸石基泡沫玻璃密度的影响

发泡温度对赤泥-煤矸石基泡沫玻璃密度的影响如图 5-6 所示。

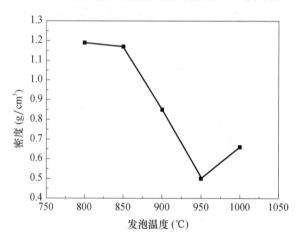

图 5-6　发泡温度对赤泥-煤矸石基泡沫玻璃密度的影响

由图 5-6 可知，随着发泡温度的上升，泡沫玻璃的密度先降低后升高。发泡温度为 800℃和 850℃时，材料基本没发泡，泡沫玻璃的密度比较接近；发泡温度为 900℃时，材料部分发泡但不充分，密度开始降低；发泡温度为 950℃时，材料密度最小；发泡温度为 1000℃时密度又再次增高。发泡温度为 950℃时泡沫玻璃密度为 0.50g/cm³，较发泡温度为 1000℃时的泡沫玻璃低 24%。

3）发泡温度对赤泥-煤矸石基泡沫玻璃吸水率的影响

发泡温度对赤泥-煤矸石基泡沫玻璃吸水率的影响如图 5-7 所示。

由图 5-7 可知，随着发泡温度的升高，泡沫玻璃的吸水率先增大后降低。发泡温度为 950℃时，泡沫玻璃吸水率最大；发泡温度为 800℃时，泡沫玻璃吸水率最小。但发泡后的赤泥-煤矸石基泡沫玻璃吸水率整体较高，下一步需要优化泡沫玻璃的孔结构，使连通孔变为闭口孔。

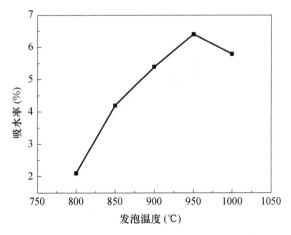

图 5-7 发泡温度对赤泥-煤矸石基泡沫玻璃吸水率的影响

2. 发泡保温时间对赤泥-煤矸石基泡沫玻璃的影响

1）发泡保温时间对赤泥-煤矸石基泡沫玻璃宏观结构的影响

发泡保温时间对赤泥-煤矸石基泡沫玻璃宏观结构的影响如图 5-8 所示。

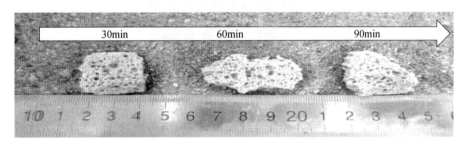

图 5-8 发泡保温时间对赤泥-煤矸石基泡沫玻璃宏观结构的影响

由图 5-8 可知，发泡保温时间为 30min、60min 和 90min 时，泡沫玻璃均出现了较多孔隙，但发泡保温时间为 30min 和 90min 时，孔与孔的距离较远，孔的数量较少；而发泡保温时间为 60min 时，泡沫玻璃的孔径和孔距看起来更均匀。

2）发泡保温时间对赤泥-煤矸石基泡沫玻璃密度的影响

发泡保温时间对赤泥-煤矸石基泡沫玻璃密度的影响如图 5-9 所示。

由图 5-9 可知，随着发泡保温时间的延长，赤泥-煤矸石基泡沫玻璃的密度先降低后增高。这与泡沫玻璃的发泡情况是有关系的。总体看来，发泡保温时间为 60min 时泡沫玻璃的密度最低，发泡保温时间为 30min 和 90min 的泡沫玻璃密度分别较发泡保温时间为 60min 的泡沫玻璃高 38％和 24％。

3）发泡保温时间对赤泥-煤矸石基泡沫玻璃吸水率的影响

发泡保温时间对赤泥-煤矸石基泡沫玻璃吸水率的影响如图 5-10 所示。

由图 5-10 可知，随着发泡保温时间的延长，赤泥-煤矸石基泡沫玻璃的吸水率先升高后略有降低，这也与泡沫玻璃的发泡情况相对应，且赤泥-煤矸石基泡沫玻璃的吸水率整体偏高。发泡保温时间为 60min 的泡沫玻璃吸水率分别较发泡保温时间为 30min 和 90min 的泡沫玻璃高 21％和 3％。

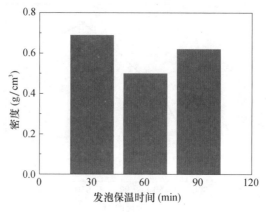

图 5-9　发泡保温时间对赤泥-煤矸石基泡沫玻璃密度的影响

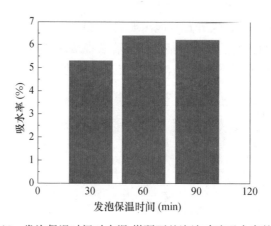

图 5-10　发泡保温时间对赤泥-煤矸石基泡沫玻璃吸水率的影响

5.4　发泡剂对赤泥-煤矸石基泡沫玻璃性能的影响

5.4.1　发泡剂对赤泥-煤矸石基泡沫玻璃宏观结构的影响

$CaCO_3$、MnO_2 和 $Na_2SiO_3 \cdot 9H_2O$ 对赤泥-煤矸石基泡沫玻璃宏观结构的影响如图 5-11～图 5-13 所示。

由图 5-11 可以看出，随着 $CaCO_3$ 掺量的增加，孔径扩大，较大开口孔形成连通孔，掺量较低时，孔壁较厚。

由图 5-12 可以看出，随着 MnO_2 掺量的增加，泡沫玻璃中的气孔分布都较均匀，但掺量达到 4% 之后孔径增大，孔壁变薄。掺量为 3% 时，孔径约为 3mm，孔的大小及分布相对更均匀。

由图 5-13 可以看出，以 $Na_2SiO_3 \cdot 9H_2O$ 做发泡剂时，泡沫玻璃中的孔的大小、形

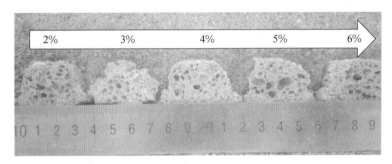

图 5-11　$CaCO_3$ 对赤泥-煤矸石基泡沫玻璃宏观结构的影响

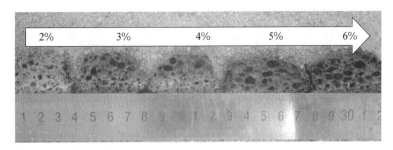

图 5-12　MnO_2 对赤泥-煤矸石基泡沫玻璃宏观结构的影响

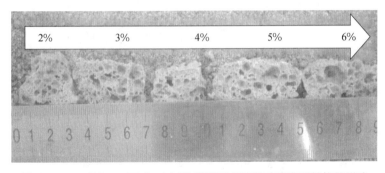

图 5-13　$Na_2SiO_3 \cdot 9H_2O$ 对赤泥-煤矸石基泡沫玻璃宏观结构的影响

状及分布都不太均匀，且掺量越高，出现的大气孔就越多。掺量为 2% 时发泡相对均匀，但孔径较小，分布密集。

5.4.2　发泡剂对赤泥-煤矸石基泡沫玻璃密度的影响

发泡剂对赤泥-煤矸石基泡沫玻璃密度的影响如图 5-14 所示。

由图 5-14 可以看出，随着发泡剂掺量的增加，泡沫玻璃样品的密度逐渐降低；同等掺量情况下，$CaCO_3$ 发泡和 MnO_2 发泡的泡沫玻璃密度较低，以 $Na_2SiO_3 \cdot 9H_2O$ 为发泡剂时样品密度最高。发泡剂掺量为 6% 时，$CaCO_3$ 发泡的泡沫玻璃密度为 $0.33g/cm^3$，较 MnO_2 发泡的泡沫玻璃密度低约 11%，较 $Na_2SiO_3 \cdot 9H_2O$ 发泡的泡沫玻璃密度低约 46%。

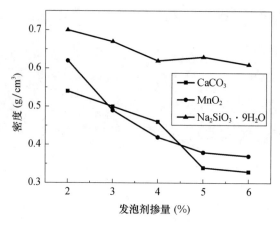

图 5-14　发泡剂对赤泥-煤矸石基泡沫玻璃密度的影响

5.4.3　发泡剂对赤泥-煤矸石基泡沫玻璃吸水率的影响

发泡剂对赤泥-煤矸石基泡沫玻璃吸水率的影响如图 5-15 所示。

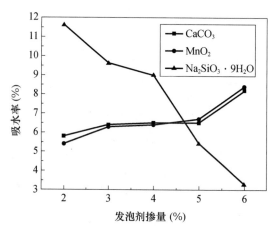

图 5-15　发泡剂对赤泥-煤矸石基泡沫玻璃吸水率的影响

由图 5-15 可知，以 $CaCO_3$ 或 MnO_2 为发泡剂时，随着其掺量的递增，试样的吸水率增大；以 $Na_2SiO_3 \cdot 9H_2O$ 为发泡剂时，随着其掺量的递增，试样的吸水减小。这说明以 $CaCO_3$ 或 MnO_2 为发泡剂时形成的开口孔较多，而使用 $Na_2SiO_3 \cdot 9H_2O$ 发泡时生成的闭口孔较多。以 $CaCO_3$ 和 MnO_2 为发泡剂的泡沫玻璃的吸水率比较接近。发泡剂掺量为 3％时，以 $CaCO_3$ 和 MnO_2 为发泡剂的泡沫玻璃的吸水率分别为 6.4％ 和 6.3％，而以 $Na_2SiO_3 \cdot 9H_2O$ 为发泡剂的泡沫玻璃的吸水率为 9.6％，较前两者高出了 50％ 以上。

综合考虑发泡剂对赤泥-煤矸石基泡沫玻璃的发泡情况、密度和吸水率的影响，赤泥-煤矸石基泡沫玻璃以 $CaCO_3$ 为发泡剂较合适，且较适宜的掺量为 4％。此时，泡沫玻璃的密度为 $0.46g/cm^3$，吸水率为 6.5％。

5.5　稳泡剂对赤泥-煤矸石基泡沫玻璃性能的影响

5.5.1　稳泡剂对赤泥-煤矸石基泡沫玻璃宏观结构的影响

Na_3PO_4 和无水碳酸钠对赤泥-煤矸石基泡沫玻璃宏观结构的影响如图 5-16 和图 5-17 所示。

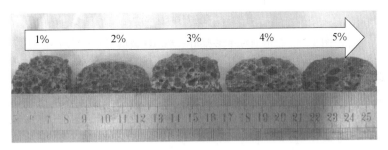

图 5-16　Na_3PO_4 对赤泥-煤矸石基泡沫玻璃宏观结构的影响

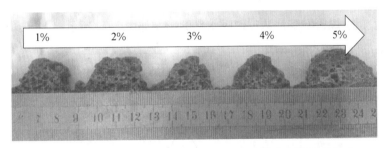

图 5-17　无水碳酸钠对赤泥-煤矸石基泡沫玻璃宏观结构的影响

由图 5-16 可知，以 Na_3PO_4 为稳泡剂时，各掺量稳泡作用都比较显著，试样整体发泡良好，但掺量过高时仍然出现了大气孔。掺量为 2％时，孔径大多数为 3mm，均匀分布。

由图 5-17 可知，无水碳酸钠作为稳泡剂时，掺量为 1％～5％的泡沫玻璃形成的气泡都不均匀，并都出现表面剥落现象，试样整体损失严重，稳泡剂的作用很弱，掺量越高，孔壁越薄。

5.5.2　稳泡剂对赤泥-煤矸石基泡沫玻璃密度的影响

稳泡剂对赤泥-煤矸石基泡沫玻璃密度的影响如图 5-18 所示。

由图 5-18 可知，随着稳泡剂掺量的增加，泡沫玻璃的密度越来越低，同等掺量情况下，以 Na_3PO_4 为稳泡剂的泡沫玻璃密度高于以无水碳酸钠为稳泡剂的泡沫玻璃。无

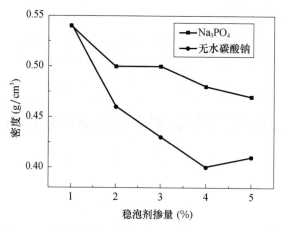

图 5-18　稳泡剂对赤泥-煤矸石基泡沫玻璃密度的影响

水碳酸钠在高温产生的 CO_2 起发泡作用，因此泡沫玻璃的密度更低。以 Na_3PO_4 为稳泡剂的泡沫玻璃在稳泡剂掺量 2% 时密度为 $0.50g/cm^3$，稳泡剂掺量为 5% 时密度为 $0.47g/cm^3$，较前者仅降低了 6%。

5.5.3　稳泡剂对赤泥-煤矸石基泡沫玻璃吸水率的影响

稳泡剂对赤泥-煤矸石基泡沫玻璃吸水率的影响如图 5-19 所示。

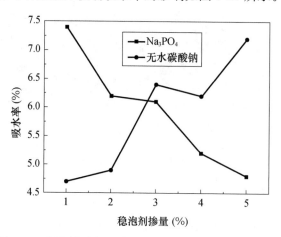

图 5-19　稳泡剂对赤泥-煤矸石基泡沫玻璃吸水率的影响

由图 5-19 可知，以 Na_3PO_4 为稳泡剂时，随着掺量的增加，试样的吸水率减小，说明随着稳泡剂的增加，试样内部生成闭口孔的趋势增强，在密度降低的情况下，吸水率也在降低。而以无水碳酸钠为稳泡剂时，随着掺量的递增，试样的吸水率增大，是因为掺量增加，无水碳酸钠高温分解放出 CO_2 气体，使气孔出现了合并连通的情况，稳泡的作用有所降低，大气孔数量增加，吸收更多水量，吸水率增大。

综合考虑稳泡剂对发泡效果、密度和吸水率的影响，5% 掺量的 Na_3PO_4 为稳泡剂时，制得样品的密度和吸水率均最低；而 2% 掺量的 Na_3PO_4 为稳泡剂时，制得样品的孔径和气泡分布都更均匀。与 5% 掺量的 Na_3PO_4 为稳泡剂时制得样品的密度和吸水率相比，Na_3PO_4 掺量为 2% 时，密度高约 6%，吸水率高约 29%。

5.6 助熔剂对赤泥-煤矸石基泡沫玻璃性能的影响

5.6.1 助熔剂对赤泥-煤矸石基泡沫玻璃宏观结构的影响

硼砂和硼酸对赤泥-煤矸石基泡沫玻璃宏观结构的影响如图 5-20 和图 5-21 所示。

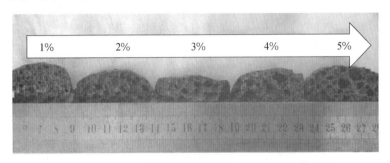

图 5-20 硼砂对赤泥-煤矸石基泡沫玻璃宏观结构的影响

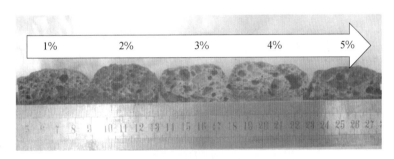

图 5-21 硼酸对赤泥-煤矸石基泡沫玻璃宏观结构的影响

由图 5-20 可知，采用硼砂作为助熔剂时效果较好，泡沫玻璃发泡充分，硼砂掺量为 2% 时的泡沫玻璃气泡孔径和分布最均匀；掺量继续增大，大气孔的数量也增加。

由图 5-21 可知，硼酸作为助熔剂时，各掺量情况下均出现了大小孔的现象，气泡大小和分布不均匀。

5.6.2 助熔剂对赤泥-煤矸石基泡沫玻璃密度的影响

助熔剂对赤泥-煤矸石基泡沫玻璃密度的影响如图 5-22 所示。

由图 5-22 可知，随着助熔剂掺量的增加，泡沫玻璃的密度整体呈现降低的趋势，且同等掺量情况下，掺入硼砂助熔的泡沫玻璃密度低于掺入硼酸助熔的泡沫玻璃。助熔剂掺量为 5% 时，掺入硼砂的泡沫玻璃的密度与掺入硼酸的泡沫玻璃的密度相近。

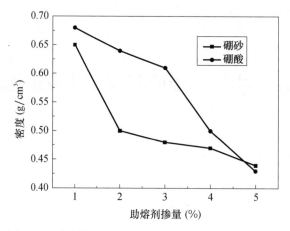

图 5-22　助熔剂对赤泥-煤矸石基泡沫玻璃密度的影响

5.6.3　助熔剂对赤泥-煤矸石基泡沫玻璃吸水率的影响

助熔剂对赤泥-煤矸石基泡沫玻璃吸水率的影响如图 5-23 所示。

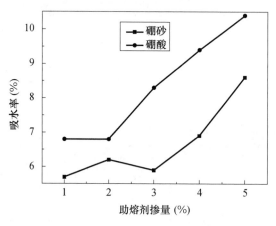

图 5-23　助熔剂对赤泥-煤矸石基泡沫玻璃吸水率的影响

由图 5-23 可知，随着助熔剂掺量的增加，试样吸水率增大。相同掺量情况下，掺入硼砂助熔的泡沫玻璃试样吸水率相对较小。密度最低时，助熔剂掺量为 5%，此时掺入硼砂的泡沫玻璃吸水率为 8.6%，掺入硼酸的泡沫玻璃吸水率为 10.4%，较掺入硼砂的泡沫玻璃高约 21%；助熔剂掺量为 1% 时，泡沫玻璃吸水率最低，此时掺入硼砂的泡沫玻璃吸水率为 5.7%，掺入硼酸的泡沫玻璃吸水率为 6.8%，较掺入硼砂的泡沫玻璃高约 19%。

综合考虑助熔剂对泡沫玻璃宏观结构、密度和吸水率的影响，硼砂助熔效果较好，且较适宜的掺量为 2%，此时密度为 0.50g/cm³，吸水率为 6.2%。

6

赤泥-生活垃圾焚烧灰渣基泡沫玻璃的制备

6.1 生活垃圾焚烧灰渣的资源化利用研究现状

二十世纪八十年代中期，我国开始引进垃圾焚烧发电技术，并催生了对焚烧灰渣资源化的探索，虽然我国起步较晚，但是在国家近几年的大力扶持下，发展很快，相关研究也日渐兴起。

东北大学郭显胜在其硕士论文《城市生活垃圾焚烧灰渣熔融工艺的数值模拟》中提到，当加热灰渣使之达到其熔融温度 1300～1500℃时，有机物被热解，无机物则形成玻璃态熔渣，低沸点的重金属和盐类将蒸发，二噁英类物质也会在高温分解。利用成熟的高炉冶炼工艺，在焦炭填充床反应器中高温处理城市垃圾焚烧灰渣将成为适合我国国情的，可实现减容化、无害化、资源化处理的适宜工艺，即在对灰渣进行有效的无害化、稳定化等特殊处理后才能实现对其资源化利用的目的。

2002 年，同济大学固体废弃物处理与资源化研究所的章骅和何品晶在《城市生活垃圾焚烧灰渣的资源化利用》中讨论了灰渣利用的主要途径：①石油沥青路面的替代骨料；②水泥或混凝土的替代骨料；③填埋场覆盖材料；④路堤、路基等的填充材料。已有的工程实践证明，只要控制处理得当，这些灰渣资源化利用不会对人类健康和环境产生不利的影响。

李润东等人通过对焚烧灰渣与炉底渣进行研究，发现焚烧炉底渣具有一定的活性，因此焚烧炉底渣可以作为水泥掺和料。袁峰等人根据生活垃圾焚烧灰渣的特性，用焚烧灰渣代替部分水泥进行试验，结果表明，加 5%～10% 的灰渣作水泥混合材是可行的，能有效控制二次污染，社会效益和经济效益明显。祁非等通过研究灰渣成分进行了垃圾焚烧灰渣作为水泥混合材的试验研究，结果表明，灰渣的加入会使水泥性能发生改变，同时会使灰渣的毒性下降。同济大学混凝土材料研究国家重点实验室的岳鹏、施慧生、袁玲参照国外研究，以生活垃圾焚烧灰和下水道污泥为主要原料，经处理、配料，并经严格的生产管理可制成通常所谓的生态水泥。他们发现，与普通水泥相比，生态水泥中的 Al_2O_3、SO_3 及 Cl^- 含量都偏高，而 SiO_2 含量偏低；它的矿物组成中同样含有 C_2S 和 C_4AF，但铝酸盐矿物与普通水泥中的 C_3A 不同，而是 $C_{11}A_7 \cdot CaCl_2$，这是 Cl^- 取代

超快硬水泥矿物 $C_{11}A_7 \cdot CaF_2$ 中的 F 元素而形成的。浙江大学的研究表明：将灰渣作为生产水泥的原料，制成所谓的生态水泥，在水泥水化硬化后，可以将其中的有害成分稳定、固化，降低环境污染。他们对不同类型城市进行灰渣取样，通过研究灰渣的微观结构、有害物成分、含量等项目，完成了活性硅基处理材料使用比率及数量、温度等对灰渣固化处理的影响和环境安全性测试，制定出以灰渣为原料生产环保水泥的实用方案。祁非、高飞进行了生活垃圾焚烧灰渣作为水泥混合材的相关研究。研究结果表明，水泥的凝结时间随着灰渣掺入量的增加而延长，且标准稠度用水量增加，相同龄期下水泥胶砂强度下降。由于水泥水化硬化可以固化灰渣中的重金属，所以掺有灰渣的水泥重金属浸出量均低于标准限值。

2016 年，南京天合嘉能再生资源有限公司的续福建、刘荣等发明了以生活垃圾焚烧灰渣为原料制备免烧陶粒的方法。该方法采用过 40 目筛的灰渣和膨胀珍珠岩，将 55％～65％ 的灰渣、30％～40％ 的水泥、5％～10％ 的膨胀珍珠岩搅拌均匀，然后于成球设备中搅拌成球，向成球设备中喷水，待物料和水分混合均匀后成球完成，后干燥成陶粒，再完全浸水、养护，即可使用。此法所制陶粒与传统陶粒相比，有密度低、强度高等优点。

张文生等人将垃圾焚烧灰渣作为水泥混凝土混合材进行了试验。试验表明，当灰渣掺量质量分数不高于 20％ 时，灰渣的作用类似于粉煤灰，但当掺量高于 30％ 时，后期的强度增长较为缓慢。贾春林等人将生活垃圾焚烧灰渣取代部分混合砂，用于水泥基自流平砂浆中，研究了生活垃圾焚烧灰渣对自流平砂浆性能的影响，结果表明，由于灰渣密度较低且多孔的物理特性，灰渣取代一定比率的细骨料有利于形成连续、均匀的拌和物；同时，可以改善新拌自流平砂浆的离析泌水性，并且可以减小水泥基自流平砂浆的尺寸变化。

陶毅等人提出了不对灰渣进行粉磨而用作骨料，制备出三免砖，研究了不同配合比对灰渣砖强度的影响规律。试验结果表明：灰渣砖密度与强度呈正比关系。翁仁贵以城市生活垃圾焚烧灰渣为研究对象，设计了制备加气混凝土砌块的工艺。由试验结果可知，最佳原料配比为飞灰 25％、炉渣 40％、生石灰 25％、水泥 10％，制备出的砌块满足国家标准的要求。

易守春等人通过将生活垃圾焚烧灰渣为沥青混合料骨料，证明生活垃圾焚烧灰渣可以作为沥青混合料骨料的一部分，当掺量为 10％ 时，无论是在工程性质还是环境要求上，都符合相关的规定。

生活垃圾焚烧灰渣的二次利用，在美国、日本和欧洲一些国家已经有了较长的历史，为了合理地处理日益增加的焚烧灰渣，减轻填埋场地的负担，或者为了解决本国天然骨料稀少的问题，许多国家从资源的再利用和环境影响两方面，研究灰渣二次化利用的可行性。

目前在欧洲一些国家和加拿大以及日本大部分的生活垃圾焚烧厂中，底灰和飞灰都是分别收集处理的，我国也要求分别收集，而在美国，底灰和飞灰是混合收集和处理的，因此也常常被称为混合灰渣。底灰是目前灰渣二次利用的主要研究对象，但也有一些例外，例如在荷兰，有一部分飞灰被用作沥青的细骨料。目前国际上灰渣的二次利用途径很多，如果考虑其利用位置，主要是被用为陆地水泥基及沥青基工程和海洋建筑工程（如人工暗礁、护岸等）。从二十世纪七十年代到八十年代，美国联邦公路管理局分别在费城、华盛顿和休斯敦等地，较好地完成了 6 项含混合灰渣的沥青铺装示范工程。

在 1985 年之后，美国的 Stony Brook 大学的海洋生物研究中心废物管理所就开始探索城市生活垃圾焚烧（MWC）灰渣的各种可利用性，在海底用焚烧灰渣制成的混合砖建成了人工暗礁，在 6 年内，没有有害物质渗透到自然环境中去。随后他们进行了大量的研究，评价了焚烧灰渣作为替代水泥掺和料的可行性，他们用焚烧灰渣制成了符合美国检验标准的水泥砖，证明了焚烧灰渣作为建筑掺和料的可行性。此外，国外将焚烧灰渣与普通硅酸盐水泥进行混合，运用传统工艺将其制成空心砖，用空心砖搭建成船库。在建后 3 年内，他们定时对周围空气和土壤进行检测，结果表明，船库内空气质量与周围大气相同；灰渣中的污染物能有效地保存在水泥基中。

Anastasiadou 等人将普通硅酸盐水泥作为黏结剂固化焚烧飞灰中的重金属进行水泥掺量对固化物强度影响的研究，结果表明未经固化处理的飞灰浸出液中 Zn 和 Pb 含量较高；当无飞灰添加时水泥固化物抗压强度为 $6.62\sim16.12MPa$，但是随着飞灰掺量的增多，固化物强度降低。

Park 等人对添加 5% 的 SiO_2 后的飞灰进行熔融处理，并对产生的玻璃体的金属浸出特性和维氏硬度进行了研究，结果表明，熔融处理对重金属的固化有着显著的效果，其中各种离子的浓度如下：$C(Cu^{2+}) < 0.04\times10^{-6}$，$C(Cr^{3+}) < 0.02\times10^{-6}$，$C(Cd^{2+}) < 0.04\times10^{-6}$，$C(Pb^{2+}) < 0.2\times10^{-6}$。玻璃体的维氏硬度为 $4000\sim5000MPa$。

Puma 等人将意大利城市的垃圾焚烧灰渣和不同比例的膨润土混合制备为垃圾填埋场的覆盖层，研究表明，当膨润土的添加量为 10% 时，覆盖层的渗透系数为 $8\times10^{-10}m/s$，这比普通填埋场的覆盖材料性能要求高出 10 倍，而且材料中各有害物质的浸出值都比国家标准低，对周围的环境不存在威胁。

Schabbach 等人将焚烧灰渣放置在 1400℃ 进行熔融，并进行水淬，从而得到玻璃态熔渣，然后将熔渣、高岭土和氧化钛以 17：1：2 进行混合，并运用等离子熔融技术将焚烧灰渣制成陶瓷釉料来实现焚烧灰渣的资源化利用，结果表明，运用等离子技术制备出的产品有更好的物理性能。

目前焚烧灰渣的二次利用主要包括：沥青或者混凝土的骨料替代物，生态水泥原料，砌砖的制备材料和填埋场地的覆盖材料等。本课题通过分析灰渣成分，协同处置灰渣和赤泥制备泡沫玻璃，并且对其制备工艺与发泡工艺进行研究探索，以期提高灰渣基产品的附加值。

6.2 试验材料及方法

6.2.1 材料性能

生活垃圾焚烧灰渣为取自开封市生活垃圾焚烧厂的炉底灰；试验采用的水泥为河南

大地集团生产的 P·O 42.5 普通硅酸盐水泥，密度为 $3.07g/cm^3$；标准砂为厦门艾思欧标准砂有限公司生产的 ISO 标准砂。

1. 生活垃圾焚烧灰渣

生活垃圾焚烧灰渣为取自开封市生活垃圾焚烧厂的炉底灰。将处理过的灰渣经过 105℃ 烘干，放入球磨机进行粉磨，然后采用 0.15mm 标准筛进行筛选，得到灰渣原料。形貌如图 6-1 所示，化学成分见表 6-1。

 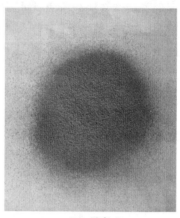

(a) 粉磨前   (b) 粉磨后

图 6-1 灰渣的形貌

表 6-1 焚烧灰渣的化学成分   %，质量分数

化学成分	CaO	SiO_2	Al_2O_3	Fe_2O_3	MgO	K_2O	Na_2O
含量	18.42	54.97	12.55	5.54	2.52	2.69	3.29

灰渣中含量最多的是 SiO_2，含量达到 54.97%；其次是 CaO、Al_2O_3 等；最少的是 MgO，含量为 2.52%。

2. 碎玻璃

废弃玻璃原料为啤酒瓶，经过清洗处理、105℃烘干、颚式破碎机破碎、不锈钢湿式球磨机粉磨、过 0.15mm 标准筛，得到玻璃粉末。碎玻璃的化学成分见表 6-2。

表 6-2 碎玻璃的化学成分   %，质量分数

化学成分	CaO	SiO_2	Al_2O_3	Fe_2O_3	MgO	K_2O	Na_2O
含量	11.89	67.86	2.88	0.93	1.82	1.39	13.22

碎玻璃中含量最多的是 SiO_2，含量为 67.86%；其次为 Na_2O、CaO 等；含量最少的是 Fe_2O_3，只有 0.93%。

3. 赤泥

赤泥经过烘干、粉磨，过 0.3mm 标准筛制得，如图 6-2 所示。赤泥的化学成分见表 6-3。

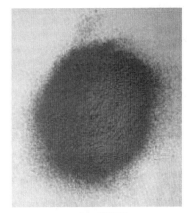

(a) 粉磨前　　　　　　　　　(b) 粉磨后

图 6-2　赤泥形貌

表 6-3　赤泥的化学成分　　　　　　　　%，质量分数

化学成分	CaO	SiO_2	Al_2O_3	Fe_2O_3	MgO	K_2O	Na_2O
含量	19.45	23.32	30.69	13.43	1.91	3.04	8.16

赤泥中含量最多的是 Al_2O_3，为 30.69%；其次为 SiO_2、CaO、Fe_2O_3；最少的是 MgO，含量只有 1.91%。

4. 发泡剂

本试验中采用的发泡剂有碳酸钙、碳化硅、活性炭和二氧化锰。

5. 其他辅助剂

其他辅助剂有稳泡剂磷酸钠、促进剂脱硫石膏、助熔剂硼砂、黏结剂水玻璃。

6.2.2　试验仪器设备

试验仪器仪表及型号见表 6-4。

表 6-4　试验仪器及型号

仪器名称	型号	仪器名称	型号
电子天平	FA1004N	颚式破碎机	PE60X100
电热鼓风干燥箱	101-2	标准检验筛	50目/100目
不锈钢湿式球磨机	HLXMQ-300	振击式标准摇筛机	ZBSX-92A
低温箱式电阻炉	SX_3-4-13	手动式液压千斤顶	SDJ-10
电子式万能试验机	CMT5105	扫描电子显微镜	QUANTA 450
X射线荧光光谱分析仪	ZSX Primus Ⅱ	X射线衍射仪	X Pert pro
差热-热重同步热分析仪	STA449F3	超景深三维视频显微镜	KH-8700
绝热材料智能平板导热系数测定仪	DRH-Ⅲ	气氛高温炉	HMF1600-30

6.2.3 试验方法

1. 生活垃圾焚烧灰渣特性及环境安全风险评价试验方法

1）灰渣的基本物性检测

灰渣的化学组成采用日本 Rigaku 公司生产的 ZSX Primus Ⅱ 型 X 射线荧光光谱分析仪检测；物相采用荷兰帕纳科公司生产的 X Pert pro 型 X 射线衍射仪进行检测；微观形貌采用荷兰 FEI 公司的 QUANTA 450 型扫描电子显微镜检测；热特性采用德国耐驰公司生产的 STA449F3 型差热-热重同步热分析仪进行测试；酸碱性采用上海仪电科学仪器厂生产的 PHS-25 型 pH 计进行检测。

酸碱性检测参照《用于水泥中的火山灰质混合材料》（GB/T 2847—2005）火山灰性试验标准配制溶液，配合比见表 6-5。

表 6-5 酸碱性测试的溶液配合比

材料	水泥（g）	灰渣（g）	蒸馏水（mL）
水泥溶液	20	—	100
灰渣溶液	—	20	100
水泥、灰渣混合溶液	14	6	100

2）灰渣的环境安全风险评价

采用北京核地科技发展中心生产的型号为 HD-2001 的低本底多道 γ 能谱仪对灰渣的放射性进行检测。

2. 生活垃圾焚烧灰渣基泡沫玻璃制备方法

1）原材料的处理方法

试验研究按照原材料处理方法的不同，分为"一步法"和"二步法"制备工艺，具体技术路线如图 6-3 和图 6-4 所示。

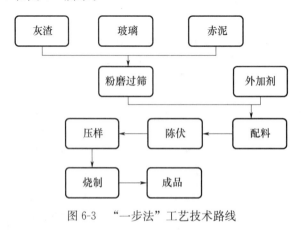

图 6-3 "一步法"工艺技术路线

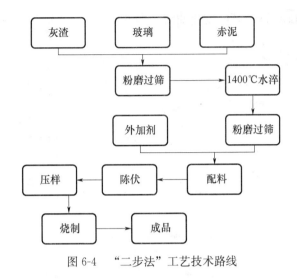

图 6-4 "二步法"工艺技术路线

(1) "一步法"工艺

如图 6-3 所示,"一步法"工艺中将试验原料灰渣、玻璃、赤泥放置在干燥箱中烘干,对已经烘干的原料进行粉磨、筛选,灰渣、玻璃粉磨过 0.15mm 标准筛,赤泥粉磨过 0.3mm 标准筛;将已备好的三种原料按比例(灰渣:玻璃:赤泥=55:25:20)混合均匀,根据试验方案,混匀的三种原料共占 80%,此外加入 6% 的稳泡剂磷酸盐、6% 的发泡剂碳酸钙、6% 的促进剂脱硫石膏和 2% 的助熔剂硼砂等外加剂,均匀混合后,加入 10% 的稀释水玻璃作为黏结剂,密封且陈伏 1d;将陈伏完成后的原料压制成型,得到 ϕ30mm×10mm 的圆柱体样品,然后将其放入干燥箱内烘 6h。把烘干好的样品放入箱式电阻炉中,按照设定的温度制度进行烧制,得到成品。

(2) "二步法"工艺

如图 6-4 所示,"二步法"工艺中将试验原料灰渣、玻璃、赤泥放置在干燥箱内 105℃烘干;对已经烘干的原料粉磨细化,而后进行筛选,灰渣、玻璃粉磨过 0.15mm 标准筛,赤泥粉磨过 0.3mm 标准筛,备用。将已制备好的三种原料按比例(灰渣:玻璃:赤泥=55:25:20)混合均匀后盛放于刚玉坩埚内,然后将坩埚放入箱式电阻炉内,以 7℃/min 的升温速率升温至 1400℃,保温 30min 后进行水淬处理。玻璃体熔融前后的成分见表 6-6。水淬完成的料置于干燥箱内烘干,随后球磨、过 0.15mm 标准筛。随后的配料比例、成型工艺以及烧成制度同"一步法"工艺。

表 6-6 水淬前后原料的成分　　　　　　　　　　　　%,质量分数

成分	Na$_2$O	MgO	Al$_2$O$_3$	SiO$_2$	K$_2$O	CaO	Fe$_2$O$_3$
水淬前	6.66	2.52	16.19	46.30	2.36	19.88	6.09
水淬后	6.07	2.04	13.73	49.90	2.33	17.96	7.97

2) 工艺参数的制定

制备泡沫玻璃所用的配合料在升温过程中,会发生许多物理、化学反应,并伴随着热量和质量的变化,一般情况下通过差热分析来了解这些反应和变化。图 6-5 为"一步

法"泡沫玻璃配合料的 DSC-TG 变化曲线；图 6-6 为"二步法"水淬后泡沫玻璃配合料的 DSC-TG 变化曲线。

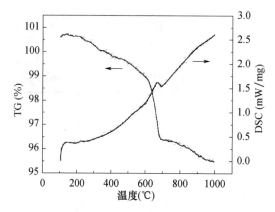

图 6-5　泡沫玻璃配合料 DSC-TG 变化曲线

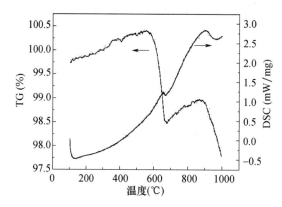

图 6-6　水淬后配合料 DSC-TG 变化曲线

由图 6-5 可以看到，熔融之后的配合料随着温度的不断升高，热流率呈现出增大趋势，且刚开始时增长速率较快，质量呈减小趋势；在 690℃ 附近有一强烈的放热峰，说明玻璃的转化温度为 690℃；在 710℃ 附近有一强烈的吸热峰，说明已有部分低共熔物开始熔融软化。泡沫玻璃的发泡温度必须高于玻璃的软化温度。由图 6-6 可以看到，泡沫玻璃配合料随着温度的不断升高，其热流率整体呈现增大的趋势，在 900℃ 附近其热流率达到最高，随后开始下降，质量损失与其相反；在 650℃ 左右有强烈的放热峰，从而可以知道玻璃的转变温度在 650℃ 附近；在 900℃ 附近为玻璃的析晶温度。综合考量，泡沫玻璃的发泡温度确定为 850～1000℃。此外，高温下泡沫玻璃的保温时间定为 10min、20min、40min 和 80min。

研究生活垃圾焚烧灰渣基泡沫玻璃制备工艺时，发泡剂选用碳酸钙；研究发泡温度的影响时，保温时间定为 40min，发泡温度分别为 850℃、900℃、950℃、1000℃ 和 1050℃；而研究保温时间的影响时，发泡温度定为 1000℃，保温时间分别为 10min、20min、40min 和 80min。升温制度为先以 3℃/min 升温至 500℃，然后保温 60min，再以 5℃/min 升至优化温度高温发泡。

3）生活垃圾焚烧灰渣与发泡剂的匹配性研究方法

按上述"二步法"制备泡沫玻璃。首先根据配合比称取 80％水淬粉磨后的基础材料，再称取 6％磷酸三钠、发泡剂（碳酸钙、活性炭、碳化硅）6％、促进剂脱硫石膏 6％和助熔剂硼砂 2％。将称取的这些材料和药品混合均匀，然后称取 10％配制好的水玻璃混合均匀，密封陈伏 1d。将陈伏好的混合材料装入模具中压制成型。

先将压制好的样品放入烘箱烘干，烘干后放入高温炉，先以 3℃/min 升温至 500℃后保温 60min，再以 5℃/min 升至 1000℃高温发泡 40min，然后随炉冷却，最后开炉取出样品。将烧制好的掺有三种不同发泡剂的泡沫玻璃样品进行比较，选出效果较好的一种发泡剂。然后发泡剂分别以 3％、6％、9％和 12％的掺量掺入再次压制、烧成样品，优化发泡剂的掺量。

3. 材料组成对泡沫玻璃性能的影响

材料组成对泡沫玻璃性能的影响试验分两部分进行，第一部分灰渣产量较高，第二部分降低灰渣产量，适当提高玻璃粉含量。工艺采用"二步法"工艺，发泡温度确定为 1000℃，高温发泡 40min，黏结剂均为稀释后的水玻璃。大掺量灰渣试验中基体材料占比为 80％，发泡剂为 6％的碳酸钙，稳泡剂为 6％的磷酸钠，助熔剂为 2％的硼砂，促进剂为 6％的脱硫石膏。小掺量灰渣试验中以基体材料质量为 100％，发泡剂为二氧化锰，稳泡剂为磷酸钠，助熔剂为硼砂，质量分别占基体材料质量的 3％、3％和 2％。大掺量灰渣试验基体配方见表 6-7，小掺量灰渣试验基体配方见表 6-8。发泡制度见表 6-9。

表 6-7　大掺量灰渣试验基体配方

样品配方	焚烧灰渣（％）	玻璃粉（％）	赤泥（％）
A	45	30	25
B	55	25	20
C	65	20	15
D	75	15	10

表 6-8　小掺量灰渣试验基体配方

试验组号	灰渣掺量（％）	碎玻璃（％）	赤泥（％）
A	10	80	10
B	20	70	10
C	25	65	10
D	30	60	10
E	40	50	10

表 6-9　发泡制度

试验阶段	温度制度
预烧阶段	3℃/min 升温至 500℃，保温 60min
烧结阶段	5℃/min 升温至 1000℃，保温 40min
冷却阶段	自然冷却

确定出较好的基体材料配方后，研究发泡温度和保温时间对泡沫玻璃性能的影响，优化工艺参数。

6.2.4 测试方法

1. 吸水量、密度和抗压强度的测试

吸水量、密度和抗压强度按照《泡沫玻璃绝热制品》（JC/T 647—2014）中的测试方法进行测试，但抗压强度的测试样品尺寸较标准样品小。

2. 差热分析

采用德国 Netzsch STA449F3 同步热分析仪（DSC/TG）对混合料进行热分析，从而获得加热过程中玻璃相转变温度、质量变化等信息。

3. 成分和物相分析

采用 ZSX Rrimus 型 X 射线荧光光谱分析仪（XRF）对材料的化学组成进行分析。X 射线荧光光谱分析仪的技术特征如下：使用低能量的 X 射线照射试样，试样中的一些原子将发射具有自身特征的 X 射线荧光，从而识别其元素，同时无损测定其元素的含量。它具有灵敏度高、选择性好、操作简单，可同时分析测量多种元素等优点。在使用时，要进行制片，以测定试样主要元素的含量。

采用荷兰帕纳科 X Pert pro 粉末 X 射线衍射仪（XRD）对泡沫玻璃的晶相峰进行分析，确定试样的物相成分。X 射线衍射仪的技术特征如下：X 射线的波长和晶体内部原子面之间的间距相近，晶体可以作为 X 射线的空间衍射光栅，即一束 X 射线照射到物体上时，受到物体中原子的散射，每个原子都产生散射波，这些波互相干涉，结果就产生衍射。衍射波叠加的结果使射线的强度在某些方向上加强，在其他方向上减弱。分析衍射结果，便可获得晶体结构。对晶体材料，当待测晶体晶面与入射 X 射线束依次呈不同角度时，那些满足布拉格衍射的晶面就会被检测出来，体现在 XRD 图谱上就是具有不同的衍射强度的衍射峰。对非晶体材料，由于其结构不存在晶体结构中原子排列的长程有序，只是在几个原子范围内存在着短程有序，故非晶体材料的 XRD 图谱为一些漫散射馒头峰。

4. 微观结构分析

泡沫玻璃试样的整体发泡效果、气孔孔径、气孔分布情况等通过相机拍照，进行对比分析；泡沫玻璃试样的微观形貌主要通过扫描电镜进行观察分析。此外，壁厚测试采用 KH-8700 型数字视频显微镜。数字视频显微镜主要观测样品的二维和三维结构，具有更快的观测、摄影、测量等特点。

6.3 生活垃圾焚烧灰渣的基本性能及环境安全风险评价

6.3.1 灰渣的基本物性

1. 灰渣的化学成分

灰渣的化学成分见表 6-10。

表 6-10 灰渣的化学成分 %，质量分数

成分	Na₂O	MgO	Al₂O₃	SiO₂	P₂O₅	SO₃	K₂O	CaO	TiO₂	Fe₂O₃
含量	3.13	2.40	11.93	52.24	1.52	1.31	2.57	17.51	5.27	1.23

由表 6-10 可知，灰渣的主要成分为 SiO_2、CaO 和 Al_2O_3，另外还有少量的 TiO_2、Na_2O、K_2O、MgO、P_2O_5、SO_3、Fe_2O_3 等。基于灰渣源自生活垃圾的高温焚烧处理，理论上应具有一定的活性，若其活性达到国家标准的要求，将可作为水泥混合材或水泥基建材产品的掺和料。

2. 灰渣的物相

灰渣的物相如图 6-7 所示。

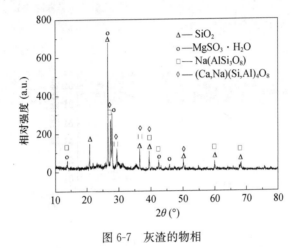

图 6-7 灰渣的物相

由图 6-7 可知，灰渣的物相主要有石英、$MgSO_3 \cdot H_2O$、钠长石以及长石类的中间矿物等。此外，XRD 图谱中具有较多的馒头峰，表明生活垃圾焚烧后，灰渣中形成了大量的玻璃体。

3. 灰渣的微观形貌

磨细灰渣的微观形貌如图 6-8 所示。

由图 6-8 可知，灰渣磨细后大部分颗粒呈现尖棱状，用在胶砂或混凝土中会导致胶砂或混凝土流动度降低或需水量增加。

4. 灰渣的热特性

差热-热重分析结果如图 6-9 所示。

由图 6-9 可知，随着温度的不断升高，样品质量逐渐减少，在 100~150℃时样品吸热速率增长幅度较大，应为物理水的脱除所致；在 400~600℃吸热速率更大，在该温度段配位水完全脱去；在 500~700℃温度段，处于显著失重阶段，占到总失重的 70% 左右，并在 650~700℃温度段，DSC 曲线出现放热峰，且样品质量减少最快，应为灰渣中未燃尽的 C 和有机物再次燃烧所致。

5. 灰渣的酸碱性

试验中配制了水泥、灰渣和水泥-灰渣三种溶液，分别在 5d、10d、15d 及 20d 对各

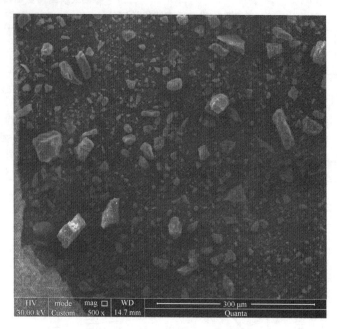

图 6-8　磨细灰渣的微观形貌

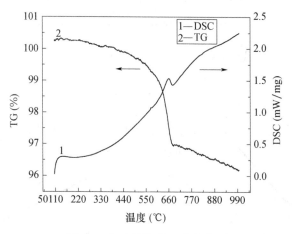

图 6-9　灰渣差热-热重分析曲线

种溶液的 pH 进行检测，检测结果见表 6-11。

表 6-11　不同浸泡时间溶液的 pH

时间（d）	5	10	15	20
水泥溶液	12.70	12.71	12.71	12.71
灰渣溶液	10.47	10.58	10.58	10.58
水泥、灰渣混合溶液	12.65	12.63	12.62	12.61

由表 6-11 可知，随着浸泡时间的延长，三种溶液的 pH 并未发生明显变化，且波动很小。可以看出，灰渣溶液 pH 达到 10.5 左右，呈现出典型碱性，这与灰渣的化学成

分密切相关，灰渣中含有大量的 CaO、碱金属及碱土金属氧化物；水泥-灰渣混合溶液 pH 随着时间的延长呈现出逐渐减小的趋势，表明灰渣中存在的 SiO_2、Al_2O_3 具有一定的潜在活性，随着化学反应的进行，消耗了一定量的 OH^-。

6.3.2　灰渣的环境安全风险评价

灰渣放射性比活度检测结果见表 6-12，内照射指数和外照射指数检测结果见表 6-13。

表 6-12　放射性比活度检测结果

放射性核素	镭-226	钍-232	钾-40
放射性比活度（Bq/kg）	49.57	36.38	489.88
不确定度（%）	3.37	3.38	3.41

表 6-13　内照射指数和外照射指数检测结果

项目	I_{Ra}	I_r
指数	0.25	0.39
不确定度（%）	3.37	5.86

《建筑材料放射性核素限量》（GB 6566—2010）规定：建筑主体材料中天然放射性核素镭-226、钍-232 和钾-40 的放射性比活度应同时满足 $I_{Ra} \leqslant 1.0$ 和 $I_r \leqslant 1.0$；空心率大于 25% 的建筑主体材料应同时满足 $I_{Ra} \leqslant 1.0$ 和 $I_r \leqslant 1.3$；A 类装饰装修材料要同时满足 $I_{Ra} \leqslant 1.0$ 和 $I_r \leqslant 1.3$；当样品中镭-226、钍-232 和钾-40 放射性比活度之和大于 37Bq/kg 时，要求测量不确定度不大于 20%。由表 6-12 和表 6-13 可知，灰渣的内照射指数（I_{Ra}）和外照射指数（I_r）均小于 1.0 的限量要求，且不确定度均不大于 20%。检测结果表明，试验灰渣的各项放射性指标均在安全范围之内，可无限制用于制备建筑材料，不会对环境安全造成影响。

6.4　材料预处理方法及工艺参数对泡沫玻璃形貌的影响

6.4.1　工艺参数对泡沫玻璃宏观形貌的影响

1."一步法"工艺

1)"一步法"工艺不同发泡温度下泡沫玻璃的宏观形貌

"一步法"工艺下不同发泡温度对泡沫玻璃宏观形貌的影响如图 6-10 所示。

由图 6-10 可以明显看出，随着发泡温度的不断升高，泡沫玻璃样品表面的气孔分布逐步密集；但 1050℃发泡的气孔相较 1000℃略少。

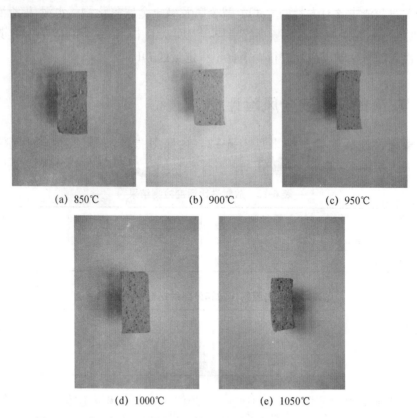

(a) 850℃   (b) 900℃   (c) 950℃

(d) 1000℃   (e) 1050℃

图 6-10   "一步法"工艺下不同发泡温度对泡沫玻璃宏观形貌的影响

2)"一步法"工艺不同保温时间下泡沫玻璃的宏观形貌

"一步法"工艺下不同保温时间对泡沫玻璃宏观形貌的影响如图 6-11 所示。

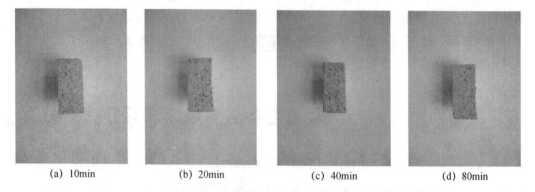

(a) 10min   (b) 20min   (c) 40min   (d) 80min

图 6-11   "一步法"工艺下不同保温时间对泡沫玻璃宏观形貌的影响

由图 6-11 可知，随着保温时间的延长，气孔数量越来越多，分布越来越均匀；但当时间延长至 80min 时，泡沫玻璃气孔减少，变得相对密实。

2."二步法"工艺

1)"二步法"工艺不同发泡温度下泡沫玻璃的宏观形貌

"二步法"工艺下不同发泡温度对泡沫玻璃宏观形貌的影响如图 6-12 所示。

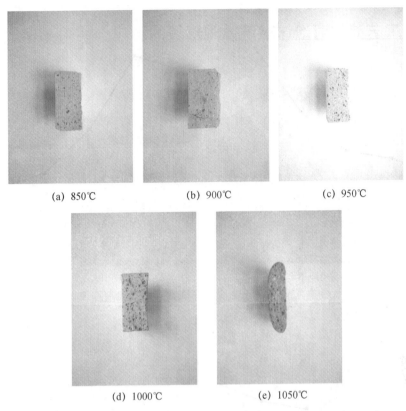

(a) 850℃   (b) 900℃   (c) 950℃

(d) 1000℃   (e) 1050℃

图 6-12 "二步法"工艺下不同发泡温度对泡沫玻璃宏观形貌的影响

由图 6-12 可知，随着发泡温度的升高，气泡数量逐渐增多，分布逐渐均匀；但发泡温度为 1050℃时，液相黏度降低较多，导致产生的气泡逸出，烧制成品较密实。

2) "二步法"工艺不同保温时间下泡沫玻璃的宏观形貌

"二步法"工艺下不同保温时间对泡沫玻璃宏观形貌的影响如图 6-13 所示。

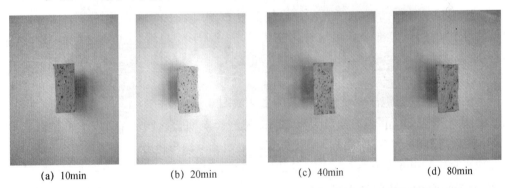

(a) 10min   (b) 20min   (c) 40min   (d) 80min

图 6-13 "二步法"工艺下不同保温时间对泡沫玻璃宏观形貌的影响

由图 6-13 可知，随着保温时间的延长，气孔数量越来越多，分布越来越均匀；但当时间延长至 80min 时，泡沫玻璃气孔减少，变得相对密实。

6.4.2 工艺参数对泡沫玻璃微观形貌的影响

1. 发泡温度

不同发泡温度对泡沫玻璃微观形貌的影响如图 6-14 所示。

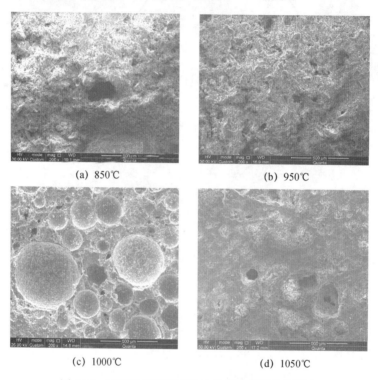

(a) 850℃   (b) 950℃

(c) 1000℃   (d) 1050℃

图 6-14　不同发泡温度对泡沫玻璃微观形貌的影响

由图 6-14 可以看出，高温下泡沫玻璃都有着明显的发泡效果。但 850℃ 和 950℃ 发泡不充分，1000℃ 发泡良好，气孔分布均匀，1050℃ 气孔分布不均匀，且可能由于过度熔化使部分孔隙又被填充了。所以从形貌来看，1000℃ 左右为本试验最佳的发泡温度。

2. 保温时间

不同保温时间对泡沫玻璃微观形貌的影响如图 6-15 所示。

由图 6-15 可知，保温时间对泡沫玻璃的发泡影响明显。20min 时发泡不是太充分；40min 时效果较好，气孔分布均匀，孔径适宜；80min 时气孔连通现象严重。所以从微观形貌来看，40min 左右为本试验最佳的保温时间。

3. 材料预处理方法

材料预处理方法对泡沫玻璃微观形貌的影响如图 6-16 所示。

图 6-16（b）的发泡效果明显优于图 6-16（a）。"一步法"工艺中泡沫玻璃的发泡不是很充分，所以"二步法"工艺为本试验的最佳制备工艺。

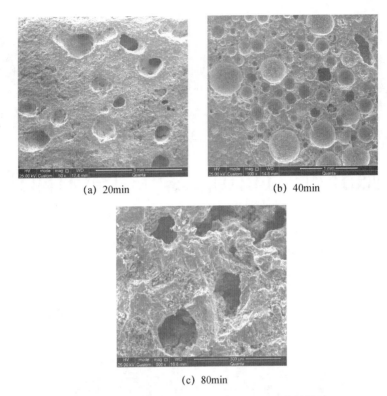

(a) 20min   (b) 40min

(c) 80min

图 6-15   不同保温时间对泡沫玻璃微观形貌的影响

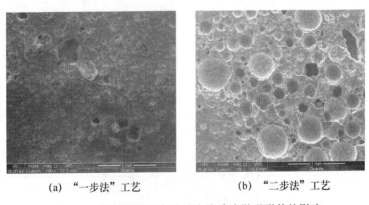

(a) "一步法"工艺   (b) "二步法"工艺

图 6-16   材料预处理方法对泡沫玻璃微观形貌的影响

6.5   生活垃圾焚烧灰渣与发泡剂的匹配性研究

6.5.1   发泡剂与灰渣材料体系的匹配性

1. 发泡剂对泡沫玻璃宏观、微观形貌的影响

1) 发泡剂对泡沫玻璃宏观形貌的影响

将 1000℃烧成的三种发泡剂掺量都为 6％的泡沫玻璃样品切开，形貌如图 6-17 所示。

(a) 6%活性炭

(b) 6%CaCO₃

(c) 6%SiC

图 6-17　发泡剂对泡沫玻璃宏观形貌的影响

由图 6-17 可知，活性炭做发泡剂时气孔的数量少，碳酸钙做发泡剂时气孔的数量要多过活性炭。碳化硅做发泡剂时 1000℃有点过烧，部分孔隙连通形成了大孔。

2）发泡剂对泡沫玻璃微观形貌的影响

将 1000℃烧成的掺有活性炭和碳酸钙发泡剂、950℃烧成的掺有碳化硅发泡剂的泡沫玻璃通过扫描电镜观察其微观形貌，如图 6-18 所示。

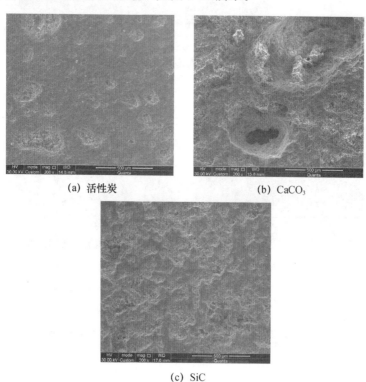

(a) 活性炭

(b) CaCO₃

(c) SiC

图 6-18　发泡剂对泡沫玻璃微观形貌的影响

由图 6-18 可知，掺了活性炭发泡剂的泡沫玻璃最致密，掺了 SiC 发泡剂的泡沫玻璃孔的数量最多且孔径均匀。

2. 发泡剂种类对泡沫玻璃性能的影响

发泡剂种类对泡沫玻璃性能的影响如图 6-19 所示。

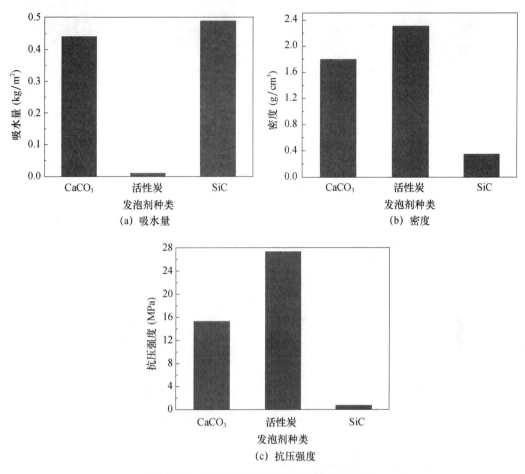

图 6-19　发泡剂种类对泡沫玻璃性能的影响

由图 6-19 可知，掺入活性炭的泡沫玻璃吸水量最小，密度和抗压强度最高；掺入 SiC 的泡沫玻璃吸水量最大，密度和抗压强度最低；掺入碳酸钙的泡沫玻璃吸水量、密度和抗压强度均居中。其中，掺入 SiC 的泡沫玻璃密度约为 $350kg/m^3$，能够达到 IV 级泡沫玻璃的要求，但吸水量偏大。结合图 6-17（c）可知，掺入 SiC 的泡沫玻璃孔隙较多，但孔隙的发展可控性太差，形成了较多的开口孔，且孔隙大小不均、分布不均，造成泡沫玻璃抗压强度偏低。

6.5.2　发泡剂掺量对泡沫玻璃性能的影响

1. $CaCO_3$ 加入量对泡沫玻璃性能的影响

1）$CaCO_3$ 加入量对泡沫玻璃宏观、微观形貌的影响

（1）$CaCO_3$ 加入量对泡沫玻璃宏观形貌的影响

$CaCO_3$ 加入量对泡沫玻璃宏观形貌的影响如图 6-20 所示。

(a) 3%　　　　　(b) 6%　　　　　(c) 9%　　　　　(d) 12%

图 6-20　CaCO₃ 加入量对泡沫玻璃宏观形貌的影响

由图 6-20 可知，CaCO₃ 加入量为 9％和 12％时，泡沫玻璃的宏观形貌中看不出明显的孔隙；CaCO₃ 加入量为 3％时，泡沫玻璃中有连通孔存在；CaCO₃ 加入量为 6％时宏观孔隙较多。

（2）CaCO₃ 加入量对泡沫玻璃微观形貌的影响

CaCO₃ 加入量对泡沫玻璃微观形貌的影响如图 6-21 所示。

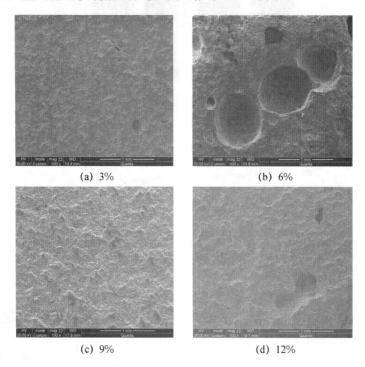

(a) 3%　　　　　　　　　　(b) 6%

(c) 9%　　　　　　　　　　(d) 12%

图 6-21　CaCO₃ 加入量对泡沫玻璃微观形貌的影响（100×）

由图 6-21 可以看出，随着碳酸钙掺量的增加，孔的数量增多，但是掺量为 9％和 12％时孔不明显，碳酸钙掺量为 6％时孔径较大且较均匀。

为了进一步研究碳酸钙掺量为 9％和 12％时的成孔情况，继续放大倍数之后的 SEM 图如图 6-22 所示。

由图 6-22 可知，CaCO₃ 加入量为 3％和 6％时，在煅烧的过程中，发泡剂 CaCO₃ 基本上都能参与反应；当加入量增大到 9％和 12％时，部分 CaCO₃ 未随着温度的升高

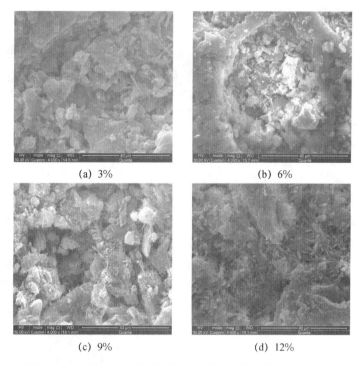

(a) 3%　　　　　　　　　　　(b) 6%

(c) 9%　　　　　　　　　　　(d) 12%

图 6-22　CaCO₃ 加入量对泡沫玻璃微观形貌的影响（4000×）

而分解，而是以针棒状的形态存在于泡沫玻璃中。

2）CaCO₃ 掺量对泡沫玻璃性能的影响

CaCO₃ 掺量对泡沫玻璃性能的影响如图 6-23 所示。

由图 6-23 可以看出，随着 CaCO₃ 掺量的增多，泡沫玻璃的吸水量逐渐增多，密度和抗压强度逐渐降低。CaCO₃ 掺量为 3％时，泡沫玻璃的吸水量较少，可以满足《泡沫玻璃绝热制品》（JC/T 647—2014）的要求，但密度太高。

2. SiC 掺量对泡沫玻璃性能的影响

1）SiC 掺量对泡沫玻璃宏观、微观形貌的影响

（1）SiC 掺量对泡沫玻璃宏观形貌的影响

SiC 掺量对泡沫玻璃宏观形貌的影响如图 6-24 所示。

如图 6-24 所示，随着 SiC 掺量的增多，泡沫玻璃发生膨胀，孔隙变大、数量变多；掺量越大，过烧现象越严重。

（2）SiC 掺量对泡沫玻璃微观形貌的影响

SiC 掺量对泡沫玻璃微观形貌的影响如图 6-25 所示。

由于以碳化硅做发泡剂发泡的孔较大，所以用三维视频显微镜观察其微观形貌。图 6-25（a）和图 6-25（b）是碳化硅掺量 6％时发泡温度分别为 1000℃和 980℃时的图像。图 6-25（b）、图 6-25（c）、图 6-25（d）是 980℃碳化硅掺量不同的图像。

由图 6-25 可知，加入碳化硅的泡沫玻璃，发泡温度 1000℃时比在 980℃时发泡彻底，形成的孔隙较多。980℃时掺入 9％的碳化硅比掺量为 6％和 12％时泡沫玻璃形成的孔隙大，加入 12％碳化硅时泡沫玻璃形成的孔隙不太明显。

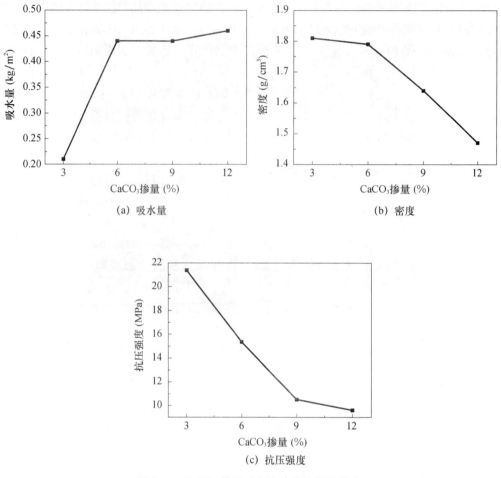

(a) 吸水量

(b) 密度

(c) 抗压强度

图 6-23　CaCO₃ 掺量对泡沫玻璃性能的影响

(a) 6%

(b) 9%

(c) 12%

图 6-24　SiC 掺量对泡沫玻璃宏观形貌的影响

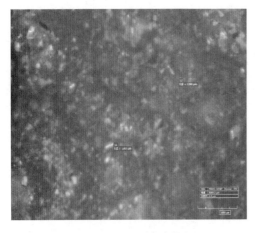

(a) 1000℃ 6%碳化硅的泡沫玻璃

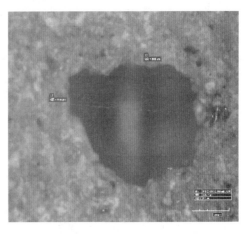

(b) 980℃ 6%碳化硅的泡沫玻璃

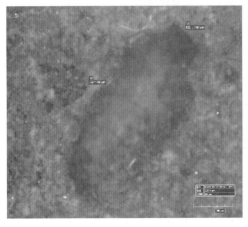

(c) 980℃ 9%碳化硅的泡沫玻璃

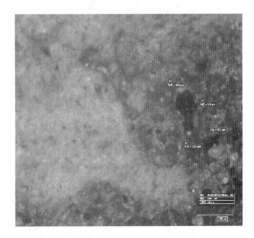

(d) 980℃ 12%碳化硅的泡沫玻璃

图 6-25　碳化硅掺量对泡沫玻璃微观形貌的影响

2）SiC 掺量对泡沫玻璃性能的影响

SiC 掺量对泡沫玻璃性能的影响如图 6-26 所示。

由图 6-26 可以看出，随着 SiC 掺量的增多，泡沫玻璃的吸水量先增大后降低，密度和抗压强度逐渐降低。掺量为 9％时，泡沫玻璃的吸水量最大；掺量为 12％时，泡沫玻璃的密度和抗压强度最低，吸水量也最小，说明在成孔的过程中形成了较多的封闭孔隙。掺量为 12％时，泡沫玻璃的吸水量为 $0.31kg/m^2$，密度为 $0.29g/cm^3$，抗压强度为 $0.52MPa$，性能较接近国家标准中对泡沫玻璃性能的要求。

3）掺入 9％SiC 时发泡温度对泡沫玻璃性能的影响

掺入 9％SiC 时发泡温度对泡沫玻璃性能的影响如图 6-27 所示。

由图 6-27 可知，随着发泡温度的升高，泡沫玻璃的吸水量逐渐增大，密度和抗压强度逐渐降低。与发泡温度为 950℃形成的泡沫玻璃相比，发泡温度为 1000℃时形成的泡沫玻璃的吸水量增加了约 36％，密度降低了 80％左右，抗压强度降低了约 90％，说明 1000℃时发泡更充分，在形成闭口孔隙的同时，也形成了较多的开口孔，从而造成吸水量偏大。

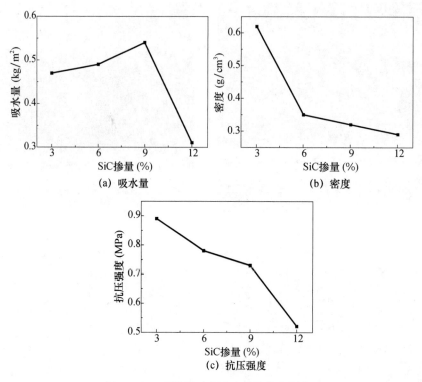

图 6-26　SiC 掺量对泡沫玻璃性能的影响

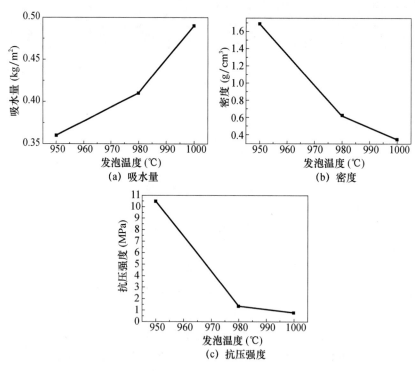

图 6-27　掺入 9％SiC 时发泡温度对泡沫玻璃性能的影响

6.5.3 发泡剂和发泡温度对泡沫玻璃结晶性能的影响

1. 发泡剂种类对泡沫玻璃结晶性能的影响

1000℃时发泡剂种类对泡沫玻璃结晶性能的影响如图 6-28 所示。

由图 6-28 可知，掺入三种发泡剂的情况下，泡沫玻璃的 XRD 图谱都形成了馒头峰，说明有非晶态形成。但是，仍然有晶体存在，且发泡剂为碳酸钙时，晶体的衍射峰强度较强，说明结晶情况最严重。

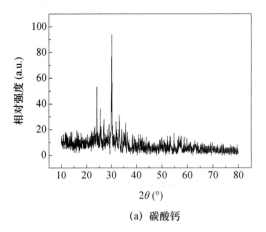

(a) 碳酸钙

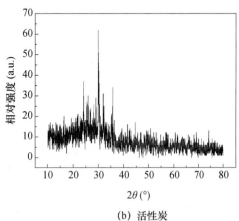

(b) 活性炭

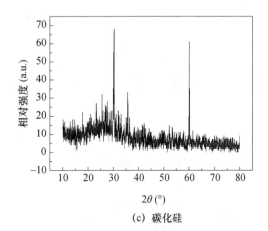

(c) 碳化硅

图 6-28 1000℃时发泡剂种类对泡沫玻璃结晶情况的影响

2. 发泡剂为 9％SiC 时发泡温度对泡沫玻璃结晶情况的影响

发泡剂为 9％SiC 时发泡温度对泡沫玻璃结晶情况的影响如图 6-29 所示。

由图 6-29 可知，随着发泡温度的变化，晶相有所改变；发泡温度为 980℃时，晶相比较集中；随着发泡温度的升高，馒头封逐渐密集，说明形成了较多的玻璃相。

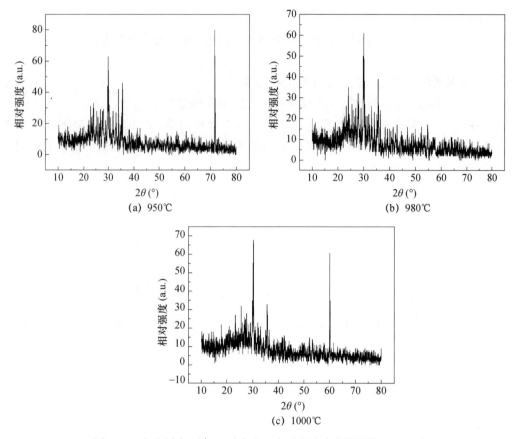

图 6-29　发泡剂为 9％SiC 时发泡温度对泡沫玻璃结晶情况的影响

6.6　生活垃圾焚烧灰渣基泡沫玻璃制备工艺研究

6.6.1　发泡温度对泡沫玻璃性能的影响

试验中保温时间为 40min，发泡温度分别为 850℃、900℃、950℃、1000℃和 1050℃。发泡温度对泡沫玻璃性能的影响如图 6-30 所示。

由图 6-30（a）能明显地看出，随着发泡温度的不断升高，"一步法"工艺烧制的样品吸水量变化不大，"二步法"工艺烧制的样品吸水量逐渐下降，温度相同时，"二步法"工艺烧制的样品吸水量明显高于"一步法"工艺烧制的样品吸水量。由图 6-30（b）和图 6-30（c）可以看出，两种工艺制备的泡沫玻璃的密度和抗压强度均随着发泡温度的升高而降低，且同一温度条件下"一步法"工艺制备的泡沫玻璃样品的密度和抗压强度均大于"二步法"工艺制备的泡沫玻璃样品。发泡温度为 1050℃时，"二步法"工艺制备出的样品密度为 $1.45g/cm^3$，距离标准要求甚远。

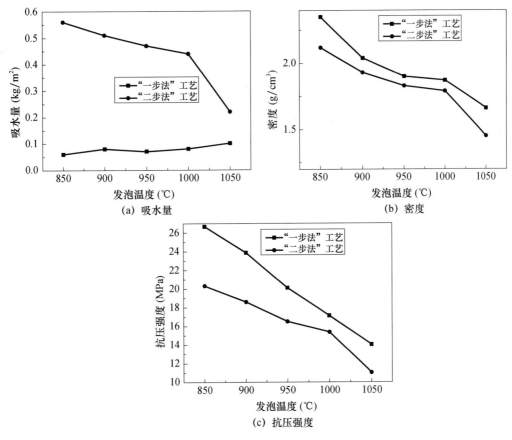

图 6-30 发泡温度对泡沫玻璃性能的影响

6.6.2 保温时间对泡沫玻璃性能的影响

试验中发泡温度设为 1000℃，保温时间分别为 10min、20min、40min 和 80min。保温时间对泡沫玻璃性能的影响如图 6-31 所示。

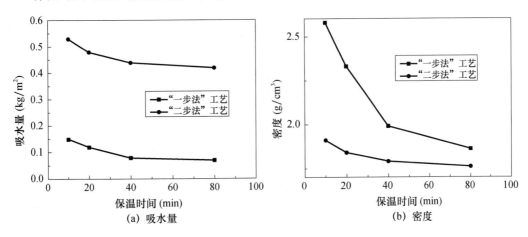

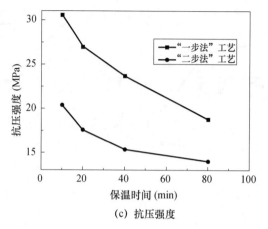

（c）抗压强度

图 6-31　保温时间对泡沫玻璃性能的影响

由图 6-31 可知，随着保温时间的延长，吸水量、密度和抗压强度均在减小；同一温度条件下，"一步法"工艺制备的样品吸水量小于"二步法"工艺制备的样品，而密度和抗压强度较大。整体制备出的样品性能均不能满足国家标准要求。

6.6.3　泡沫玻璃的结晶情况分析

由以上研究可知，发泡温度为 1000℃、保温时间为 40min 时，"二步法"工艺制备的泡沫玻璃的性能相对较好。选取该泡沫玻璃磨细成粉体进行结晶情况分析，XRD 图谱如图 6-32 所示。

由图 6-32 可以看出，该"泡沫玻璃"中形成了较多的馒头峰，说明形成了玻璃相，但同时也存在结晶良好的晶体，下一步的研究中要进一步优化其工艺，形成尽可能多的玻璃相，改善其性能。

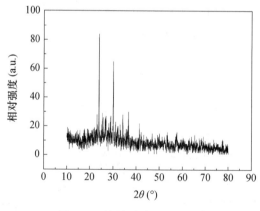

图 6-32　泡沫玻璃 XRD 图谱

6.7 材料组成对泡沫玻璃性能的影响

6.7.1 大掺量灰渣试验

1. 基体配方成分分析

该试验中基体材料配方分四种：A—焚烧灰渣∶玻璃粉∶赤泥＝45∶30∶25；B—焚烧灰渣∶玻璃粉∶赤泥＝55∶25∶20；C—焚烧灰渣∶玻璃粉∶赤泥＝65∶20∶15；D—焚烧灰渣∶玻璃粉∶赤泥＝75∶15∶10。

1）水淬前成分分析

表 6-14 为水淬前各配方氧化物含量。由表 6-14 可直观看出各成分水淬前氧化物含量，其中以 SiO_2 含量为最多，其次是 CaO、Al_2O_3、Na_2O、Fe_2O_3。

表 6-14　水淬前各配方氧化物含量　　　　　　　　　　　　　％，质量分数

配方	SiO_2	CaO	Al_2O_3	Na_2O	Fe_2O_3	MgO	K_2O
A	46.82	19.01	15.59	7.75	6.10	2.42	2.31
B	46.30	19.88	16.19	6.66	6.09	2.52	2.36
C	47.87	20.62	14.33	6.33	5.76	2.70	2.39
D	47.96	21.99	13.54	5.44	5.74	2.83	2.50

2）水淬后成分分析

表 6-15 为水淬后各配方氧化物含量。由表 6-15 可直观看出各成分水淬后氧化物含量，其中以 SiO_2 含量为最多，其次是 CaO、Al_2O_3、Fe_2O_3、Na_2O。

表 6-15　水淬后各配方氧化物含量

配方	SiO_2	CaO	Al_2O_3	Fe_2O_3	Na_2O	K_2O	MgO
A	49.72	16.86	13.82	8.50	6.82	2.24	2.04
B	49.90	17.96	13.73	7.97	6.07	2.33	2.04
C	52.10	17.44	13.31	7.18	5.47	2.34	2.16
D	53.56	18.52	12.18	6.08	4.86	2.50	2.30

由表 6-14 和表 6-15 对比可知，水淬之后 SiO_2、Fe_2O_3 含量增加，其他氧化物含量减少，说明在制备基础玻璃体过程中形成了较多的玻璃相。

2. 氧化物含量对泡沫玻璃物相的影响

图 6-33 为水淬后不同配方的 XRD 图谱。

由图 6-33 可知，A、B、C、D 四种配方的 XRD 图谱主晶相基本上为 $CaSiO_3$。此外，A、B 组还含有 $Na_6Ca_2Al_6Si_6O_{24}(SO_4)_2$，而 C、D 组还含有 $Mn_{3.68}Zn_{2.54}Mg_{0.77}(CO_3)_2(OH)_{10}$。图中四种配方都出现较多的馒头峰以及少量尖锐的衍射峰。馒头峰较

多说明玻璃相较多，有少量尖锐的衍射峰说明有结晶相。

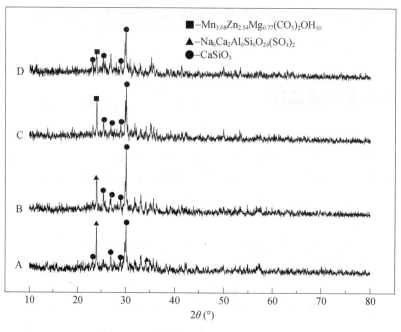

图 6-33　水淬后不同配方的 XRD 图谱

3. 基体材料组成对泡沫玻璃宏微观结构的影响

1）宏观形貌分析

基体材料组成不同时，制备的样品表面宏观形貌如图 6-34 所示。

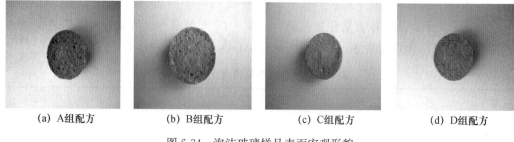

（a）A组配方　　（b）B组配方　　（c）C组配方　　（d）D组配方

图 6-34　泡沫玻璃样品表面宏观形貌

由图 6-34 可直观看出，随着灰渣掺量的增加、玻璃粉和赤泥掺量的降低，SiO_2、CaO 含量增加，Al_2O_3、Fe_2O_3 含量减少，泡沫玻璃孔结构呈减小趋势。A 组配方中玻璃粉掺量高时，容易发泡，泡沫玻璃内部气孔所占比例较大，但其气泡的大小差异比较明显，孔结构分布不均匀；B 组配方泡沫玻璃气泡数量较 A 组配方虽有所下降，但气泡大小差异仍然较大，孔结构分布不均匀；C 组配方玻璃粉含量相对较低，泡沫玻璃内部发泡难度增加，材料孔径减小，且分布不均匀，相对较密实；D 组配方玻璃粉含量更低，泡沫玻璃内部发泡难度更大，材料气泡孔径显著减小，此时材料更加密实。

不同氧化物含量制备的泡沫玻璃样品内部宏观形貌如图 6-35 所示。

(a) A组配方　　　(b) B组配方　　　(c) C组配方　　　(d) D组配方

图 6-35　不同氧化物含量制备的泡沫玻璃样品内部宏观形貌

由图 6-35 可以看出，所制成的样品出现了较大的裂纹、孔结构分布不均匀、大小差异明显，而且出现了较多的连通孔隙。

2）微观形貌分析

不同氧化物含量制备的泡沫玻璃样品中内部微观形貌如图 6-36 所示。

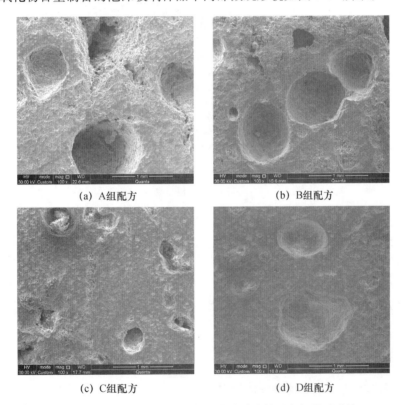

(a) A组配方　　　(b) B组配方

(c) C组配方　　　(d) D组配方

图 6-36　不同氧化物含量制备的泡沫玻璃样品内部微观形貌

从图 6-36 中可以看出，不同氧化物含量制备的泡沫玻璃样品内部均含有气泡结构。图 6-36（a）中泡沫玻璃结构相对疏松，随着灰渣掺量的增加、玻璃粉和赤泥掺量的降低，SiO_2、CaO 含量增多，Al_2O_3、Fe_2O_3 含量减少，图 6-36（b）、图 6-36（c）、图 6-36（d）中气孔数量减少或孔径越来越小，结构越来越密实。

4. 基体材料组成对泡沫玻璃性能的影响

基体材料组成对泡沫玻璃性能的影响如图 6-37 所示。

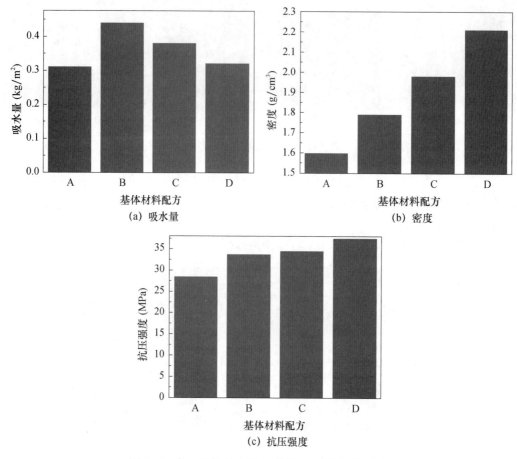

图 6-37　灰渣基体材料组成对泡沫玻璃性能的影响

由图 6-37 可以看出，随着基体材料中生活垃圾焚烧灰渣掺量的增加、玻璃粉和赤泥掺量的减少，所制备的样品吸水量先增大后减小，密度和抗压强度持续增大。A 组配方制备的样品密度最小，但也远远大于标准中的要求。因此，下一步要进一步降低生活垃圾焚烧灰渣的掺量，优化工艺参数，改善制品性能。

6.7.2　小掺量灰渣试验

1. 基体材料配方对泡沫玻璃性能的影响

本试验中发泡温度为 1000℃，保温时间为 40min，基体材料配方：A—焚烧灰渣：玻璃粉：赤泥＝10：80：10；B—焚烧灰渣：玻璃粉：赤泥＝20：70：10；C—焚烧灰渣：玻璃粉：赤泥＝25：65：10；D—焚烧灰渣：玻璃粉：赤泥＝30：60：10；E—焚烧灰渣：玻璃粉：赤泥＝40：50：10。发泡剂选用二氧化锰。

1）基体材料配方对泡沫玻璃形貌的影响

基体材料配方对泡沫玻璃形貌的影响如图 6-38 所示。

图 6-38　基体材料配方对泡沫玻璃形貌的影响

由图 6-38 可知，A 组配方制备的样品发泡充分，气孔大小较均匀；B 组和 C 组配方发泡也较充分，但气孔孔径降低，C 组气孔孔径略显不均匀；D 组和 E 组配方制备的样品发泡不充分、较致密。从形貌看，生活垃圾焚烧灰渣掺量不宜大于 30%。

2）生活垃圾焚烧灰渣掺量对泡沫玻璃性能的影响

生活垃圾焚烧灰渣掺量对泡沫玻璃性能的影响如图 6-39 所示。

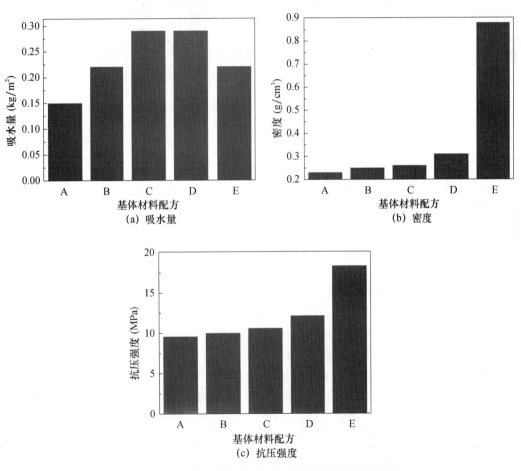

图 6-39　生活垃圾焚烧灰渣掺量对泡沫玻璃性能的影响

由图 6-39 可以看出，随着基体材料中生活垃圾焚烧灰渣掺量的升高、玻璃粉含量的降低，制备的泡沫玻璃样品的吸水量先增大后降低，密度和抗压强度逐渐增大。其中，五组配方制备的样品吸水量均在 $0.3kg/m^2$ 以下，满足行业标准的要求；A、B、C 组配方密度相对较小，能够满足行业标准中Ⅳ级样品的要求；抗压强度也基本能够满足行业标准中对抗压强度的要求。生活垃圾焚烧灰渣掺量少于 30％时制备的泡沫玻璃样品综合性能较好。

2. 发泡温度对小掺量灰渣基泡沫玻璃性能的影响

本试验中基体材料选用 C 组配方（焚烧灰渣∶玻璃粉∶赤泥＝25∶65∶10），保温时间为 40min，对发泡温度分别为 950℃、975℃、1000℃、1025℃和 1050℃所制备出的泡沫玻璃进行性能研究。

1）发泡温度对泡沫玻璃形貌的影响

发泡温度对泡沫玻璃形貌的影响如图 6-40 所示。

图 6-40　发泡温度对泡沫玻璃形貌的影响

由图 6-40 可以看出，随着发泡温度的升高，发泡越来越充分，气泡孔径越来越大。温度为 950℃时，样品相对较密实。

2）发泡温度对泡沫玻璃性能的影响

发泡温度对泡沫玻璃性能的影响如图 6-41 所示。

由图 6-41 可知，随着发泡温度的升高，制备的泡沫玻璃的吸水量先升高后降低，密度和抗压强度逐渐降低。发泡温度为 1025℃和 1050℃时，样品的密度较低，但吸水量大于 $0.3kg/m^2$，不能满足标准要求。综合考量，发泡温度为 1000℃较合适。

3. 保温时间对小掺量灰渣基泡沫玻璃性能的影响

本试验中基体材料选用 C 组配方（焚烧灰渣∶玻璃粉∶赤泥＝25∶65∶10），发泡温度为 1000℃，保温时间分别为 20min、40min、60min、80min 和 100min。

1）保温时间对泡沫玻璃形貌的影响

保温时间对泡沫玻璃形貌的影响如图 6-42 所示。

由图 6-42 可知，随着保温时间的延长，发泡越来越充分，孔径越来越大；保温时间为 80min 和 100min 时，出现了较大的孔；保温时间为 40min 时，孔径大小相对较均匀；保温时间为 20min 时，样品发泡不充分，相对较密实。

2）保温时间对泡沫玻璃其他性能的影响

保温时间对泡沫玻璃性能的影响如图 6-43 所示。

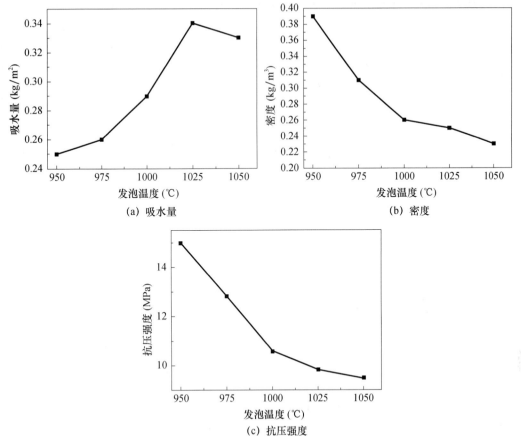

(a) 吸水量   (b) 密度

(c) 抗压强度

图 6-41 发泡温度对泡沫玻璃性能的影响

图 6-42 保温时间对泡沫玻璃形貌的影响

由图 6-43 可知，随着保温时间的延长，样品的吸水量逐渐增大，密度和抗压强度逐渐降低；保温时间达到 60min 之后，样品的密度较低，但吸水量大于 0.3kg/m²，且抗压强度也较低。综合考量，保温时间为 40min 较合适。

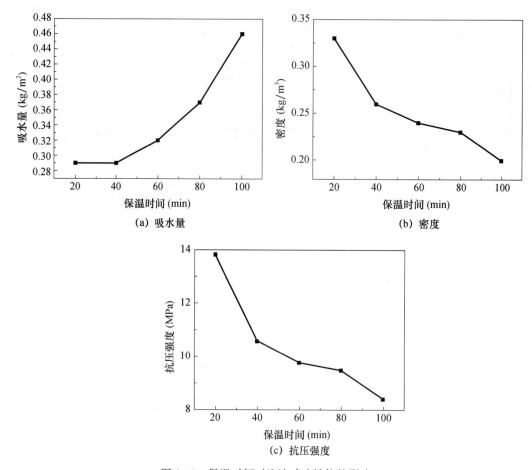

（a）吸水量

（b）密度

（c）抗压强度

图 6-43　保温时间对泡沫玻璃性能的影响

7

泡沫玻璃保温层和装饰层的一体化制备工艺

7.1 试验方法

7.1.1 赤泥-硅灰基、赤泥-粉煤灰基和赤泥-煤矸石基泡沫玻璃保温层和装饰层适应性研究

装饰层采用废弃玻化砖破碎、粉磨、过筛，然后与保温层一同压制成型，进行烧制，研究保温层与装饰层的适应性。

1. 最佳发泡温度的设定

本试验主要通过设定发泡温度为唯一变量进行探究。方案制定中其余烧结工艺参数由前面的研究及大量文献的查阅设定，后期根据试验结果做相应调整。具体方案见表 7-1。

表 7-1 发泡温度试验方案

序号	发泡保温时间 （min）	成型压力 （MPa）	泡沫玻璃层与 玻化砖厚度比	发泡温度 （℃）
1	60	6	4∶1	800
2	60	6	4∶1	850
3	60	6	4∶1	900
4	60	6	4∶1	950
5	60	6	4∶1	975
6	60	6	4∶1	1000

2. 最佳成型压力的设定

本试验主要通过设定试模的成型压力为唯一变量进行探究。方案制定中发泡温度暂定为 950℃，其余烧制工艺的参数和发泡温度一样根据试验结果做相应调整。具体方案见表 7-2。

表 7-2　成型压力试验方案

序号	发泡保温时间 (min)	发泡温度 (℃)	泡沫玻璃层与玻化砖厚度比	成型压力 (MPa)
1	60	950	4:1	0
2	60	950	4:1	4
3	60	950	4:1	6
4	60	950	4:1	8
5	60	950	4:1	10
6	60	950	4:1	12
7	60	950	4:1	14

3. 装饰层与玻璃层厚度比的影响

通过设定试模的装饰层与泡沫玻璃厚度比为唯一变量进行探究。方案制定中发泡温度暂定为950℃，成型压力暂定为6MPa，烧制工艺的参数根据试验结果做相应调整。装饰层与玻璃层厚度比见表7-3。

表 7-3　装饰层与玻璃层厚度比

序号	发泡保温时间 (min)	发泡温度 (℃)	成型压力 (MPa)	泡沫玻璃层与 玻化砖厚度比
1	60	950	6	10:1
2	60	950	6	8:1
3	60	950	6	6:1
4	60	950	6	5:1
5	60	950	6	4:1
6	60	950	6	3:1

4. 最佳发泡保温时间的设定

本试验主要通过设定发泡保温时间为唯一变量进行探究。其余烧制工艺参数均为暂定，会随试验结果而做相应调整。具体方案见表7-4。

表 7-4　发泡保温时间方案

序号	泡沫玻璃层与 玻化砖厚度比	发泡温度 (℃)	成型压力 (MPa)	发泡保温时间 (min)
1	4:1	950	6	30
2	4:1	950	6	60
3	4:1	950	6	90

5. 保温装饰一体化泡沫玻璃烧制

由上述四组试验得到的试样进行性能检测，最终按照较佳的制备工艺制备出保温装饰一体化的泡沫玻璃。

7.1.2　生活垃圾焚烧灰渣基泡沫玻璃保温层与装饰层的适应性研究

装饰层与保温层一同压制成型，进行烧制，研究保温层与装饰层的适应性。

1. 装饰层材料配方

装饰层材料配方分两种，一种采用玻化砖破碎粉磨，另一种为自己配置的，见表 7-5。

表 7-5　装饰层材料配合比　　　　　　　　　　　　　　　　　　　　　%

序号	高岭土	石英	硼砂	氧化锌	碳酸钙	氧化钾	硼酸	氧化锶
1	18	36	7	1.8	13.5	4.5	10.2	9
2	18	36	7	1.8	13.5	7.5	7.2	9
3	18	36	7	1.8	18	4.5	7.2	7.5

2. 保温层材料配方

保温层基体材料配方：生活垃圾焚烧灰渣：玻璃粉：赤泥＝25：65：10，以基体材料质量为100%，发泡剂为二氧化锰，稳泡剂为磷酸三钠，助熔剂为硼砂，质量分别占基体材料质量的3%、3%和2%。烧制工艺为"二步法"。发泡温度为1000℃，保温时间为40min。

3. 保温层和装饰层结合方式

将保温层和装饰层以三种不同的方式压制在一起，具体为：

1）先将保温层材料压制成型，后将装饰层材料平铺在上面进行二次压制。

2）先将保温层材料平铺于模具中，表面呈锯齿状，后将装饰层材料铺于上面，一次压制成型。

3）在第二种方法的基础上，保温层与装饰层之间加一个过渡层。

三种结合方式如图 7-1 所示。

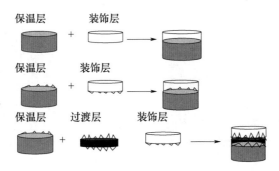

图 7-1　保温层与装饰层结合方式

4. 过渡层的变量

过渡层的作用是防止出现保温层与装饰层连接处因为材料的差异造成适应性差，黏结强度低的现象。

过渡层材料由保温层材料和装饰层材料组合而成。其中保温层材料的质量占比为

40％时，过渡层用量为 3g、5g、7g。过渡层用量为 5g 时，保温层材料质量占比为 20％、60％、80％。具体情况见表 7-6。

表 7-6　过渡层材料占比和用量

序号	保温层材料质量占比（％）	装饰层材料质量占比（％）	过渡层用量（g）
1	40	60	3
2	40	60	5
3	40	60	7
4	20	80	5
5	60	40	5
6	80	20	5

7.1.3　测试方法

1. 吸水量、密度和抗压强度的测试

吸水量、密度和抗压强度的测试按照《泡沫玻璃绝热制品》（JC/T 647—2014）中的测试方法进行测试，但抗压强度的测试样品尺寸较标准样品小。

2. 质量吸水率

用电子天平测量出干燥样品的质量 m_1，然后将样品放入水中 2h，随后把样品拿出用毛巾擦干表面水分，再用吸水纸在样品的表面擦拭，每个面擦拭两遍，去除表面的水分，最后测得样品吸水后的质量 m_2。样品的吸水率按式（3-2）计算。

3. 物相分析

采用荷兰帕纳科 X Pert pro 粉末 X 射线衍射仪（XRD）对泡沫玻璃的晶相峰进行分析，确定试样的物相成分。

4. 形貌分析

泡沫玻璃试样的整体发泡效果、气孔孔径大小、气孔分布情况等通过相机拍照，进行对比分析；泡沫玻璃试样的微观形貌主要通过扫描电镜进行观察分析。此外，壁厚测试采用 KH-8700 型数字视频显微镜。数字视频显微镜主要观测样品的二维和三维结构，具有更快的观测、摄影、测量等特点。

5. 保温层和装饰层的结合强度测试

测试结合强度使用的是砂浆拉力试验机 DL5000 型，还需要制作拉伸试验用到的试件，如图 7-2 所示。

使用 AB 胶将试块上、下表面与上、下压头黏结，并卡在拉力试验机上进行拉拔，测试保温层和装饰层的结合强度，并观察断裂位置。

6. 泡沫玻璃导热系数测定

泡沫玻璃保温层的导热系数按照标准方法通过绝热材料智能平板导热系数测定仪进行测试。

图 7-2 结合强度试件

7.2 赤泥-硅灰基泡沫玻璃保温层与装饰层适应性研究

7.2.1 发泡温度对赤泥-硅灰基泡沫玻璃性能的影响

1. 发泡温度对赤泥-硅灰基泡沫玻璃宏观形貌的影响

图 7-3 为不同发泡温度对赤泥-硅灰基泡沫玻璃宏观形貌的影响。

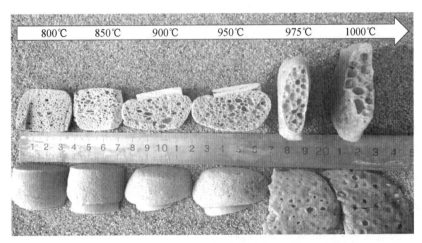

图 7-3 不同发泡温度对赤泥-硅灰基泡沫玻璃宏观形貌的影响

从图 7-3 可以清晰地看出，随着发泡温度的升高，硅灰泡沫玻璃发泡程度越加明显。温度为 800℃时发泡较少，孔径也较小，基本还处于较密实的状态，且颜色与其他组较为不同，为紫红色，而 900℃以上发泡温度时的制品已基本呈浅绿色（接近玻璃的颜色）。这是由于发泡温度较低情况下，物料还未充分反应，因此制品呈物料颜色，随着温度的升高，物料之间反应更加充分和剧烈，因此发泡也越加明显，颜色也越来越接近深绿色。由图 7-3 可看出，800℃以下发泡不明显，975℃及以上发泡温度时，由于发泡温度过高，发泡剧烈，气泡已从制品内部逸出，内部闭口孔相对较少，且发泡温度过高情况下，制品也已熔化摊落成饼状，呈现出泡沫玻璃层包裹着玻化砖层的状态。950℃较900℃来说，发泡较为均匀，且孔径尺寸较为合适，因此发泡温度以950℃较佳。

对装饰层玻化砖来说，发泡温度较低如800℃时，直接从泡沫玻璃层剥落，随着温度的升高，玻化砖层表面越来越致密，硬度也越来越高，综合泡沫玻璃层宏观外貌的观察，当发泡温度不同时，950℃为泡沫玻璃外观形貌的较佳制备条件。

2. 发泡温度对赤泥-硅灰基泡沫玻璃吸水率的影响

图7-4为不同发泡温度对赤泥-硅灰基泡沫玻璃吸水率的影响。

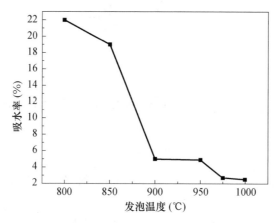

图7-4　不同发泡温度对赤泥-硅灰基泡沫玻璃吸水率的影响

由图7-4可知，随着发泡温度的升高，吸水率急剧减小，950℃时吸水率已经降到5%左右，而后吸水率变化较小。据分析可知，当发泡效果较好时，内部有气孔存在，若作为保温材料，制品内部含的闭口孔多，而开口孔少，开口孔少意味着孔径内部含的自由水较少，即吸水率小。当发泡温度较低时，物料反应不充分，气孔受热膨胀趋势较小，由于物料黏结度较大，气孔长大的阻力较大，因此发泡温度较低时制品发泡率低，气孔孔径较小，吸水率较低。查阅相关文献可知，泡沫玻璃整体吸水率极低，不会出现如此高的数值。据分析，发泡温度较低时吸水率过高，是装饰层玻化砖的强烈吸水而引起的，在发泡温度较低时，玻化砖表面稍显粉末状，并不致密，因此具有较强的吸水性。随着发泡温度的升高，玻化砖表面越来越致密，不易吸水，因而在950℃之后数据没有太大的变化，而之后随着发泡温度的升高泡沫玻璃层坍塌、气孔变大，外部气孔孔径过大也不易于含水，因此吸水率稍有降低。

3. 发泡温度对赤泥-硅灰基泡沫玻璃密度的影响

图7-5为不同发泡温度对赤泥-硅灰基泡沫玻璃密度的影响。

由图7-5可知，不同发泡温度下，泡沫玻璃的密度先升后降再升。发泡温度为950℃时泡沫玻璃的密度最小，约为0.9g/cm³。

4. 小结

发泡温度对泡沫玻璃制品的质量起着决定性的影响。因此，找准适合的发泡温度才能按进度完成后续的系列试验。综合不同发泡温度下泡沫玻璃制品宏观形貌的分析，以及吸

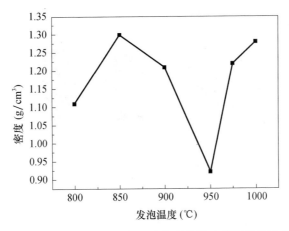

图 7-5 不同发泡温度对赤泥-硅灰基泡沫玻璃密度的影响

水率、密度的测定可以得出结论，发泡温度为 950℃ 时硅灰泡沫玻璃制品的保温层和装饰层适应性相对较好。

7.2.2 发泡保温时间对赤泥-硅灰基泡沫玻璃性能的影响

1. 发泡保温时间对赤泥-硅灰基泡沫玻璃宏观形貌的影响

图 7-6 为不同发泡保温时间对赤泥-硅灰基泡沫玻璃宏观形貌的影响。

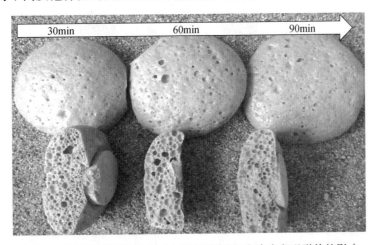

图 7-6 不同发泡保温时间对赤泥-硅灰基泡沫玻璃宏观形貌的影响

由图 7-6 可以看出，当发泡保温时间为 30min 时，发泡效果总体较为良好，但发泡孔径大小不均；发泡保温时间为 60min 时泡沫玻璃内孔径大小较为均匀，且孔壁厚度较为适中；当发泡保温时间为 90min 时气泡孔径总体变小，且局部能看出气泡坍塌而出现的密实状。

2. 不同发泡保温时间对赤泥-硅灰基泡沫玻璃吸水率的影响

图 7-7 为不同发泡保温时间对赤泥-硅灰基泡沫玻璃吸水率的影响。

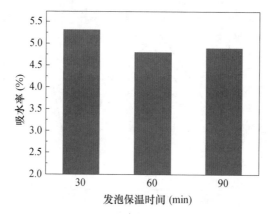

图 7-7　不同发泡保温时间对赤泥-硅灰基泡沫玻璃吸水率的影响

如图 7-7 所示，发泡保温时间为 30min 时泡沫玻璃的吸水率较高，此发泡保温时间下，对制品吸水率影响较大的为玻化砖装饰层，坡化砖在此发泡保温时间下烧结不密实，较易吸水。随着发泡保温时间的增大，玻化砖逐渐致密，吸水率逐渐减小，60min 时泡沫玻璃吸水率最小。随着发泡保温时间的进一步延长，泡沫玻璃发泡较为剧烈，形成开口孔，因此吸水率稍有增长。

3. 不同发泡保温时间对赤泥-硅灰基泡沫玻璃密度的影响

图 7-8 为不同发泡保温时间对赤泥-硅灰基泡沫玻璃密度的影响。

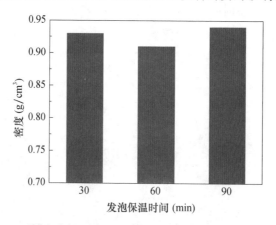

图 7-8　不同发泡保温时间对赤泥-硅灰基泡沫玻璃密度的影响

由图 7-8 可知，随着发泡保温时间的延长，密度先减小后增大。发泡保温时间为 30min 时气泡孔径相对较小；发泡保温时间为 60min 时，气泡孔径相对较大，孔壁较薄，发泡较好，所以密度较小；发泡保温时间为 90min 时，发泡较为剧烈，发生坍塌，孔壁较厚，因此密度有所增大。

4. 小结

在不同发泡保温时间下，综合泡沫玻璃制品的宏观形貌、吸水率、密度等性能可得出结论：发泡保温时间为 60min 时，泡沫玻璃的保温层与装饰层适应性相对较好。

7.2.3　成型压力对赤泥-硅灰基泡沫玻璃性能的影响

1. 成型压力对赤泥-硅灰基泡沫玻璃宏观形貌的影响

图 7-9 为不同成型压力对赤泥-硅灰基泡沫玻璃宏观形貌的影响。

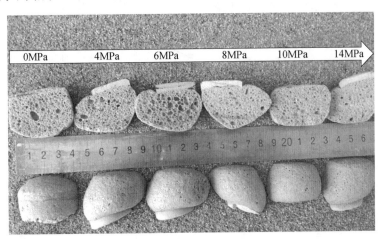

图 7-9　不同成型压力对赤泥-硅灰基泡沫玻璃宏观形貌的影响

本试验研究制备了不同成型压力下的赤泥-硅灰基泡沫玻璃。其压力为零时的制备工艺亦可归结为直接平铺的成型方式。从图 7-9 中可明显看出，压力为零时制品内部气孔数目相对较多，但孔孔径较小、孔壁相对较厚；随着压力的增大，4MPa 时气孔总数目减少，但孔径稍有增长；6MPa 时，孔径继续增大且大小较均匀，孔径尺寸大多集中在 2～4mm，气孔孔壁较薄，发泡效果最好；随着压力的不断增大，泡沫玻璃内部逐渐密实，孔径数目逐渐减少，且尺寸也较小。

对玻化砖层，压力为零时玻化砖层出现较大的缝隙、孔洞，成型不好且强度较低、易碎。

2. 成型压力对赤泥-硅灰基泡沫玻璃吸水率的影响

图 7-10 为不同成型压力对赤泥-硅灰基泡沫玻璃吸水率的影响。

在没有压力即平铺的成型方式下，泡沫玻璃的吸水率较高，是因为将其放在坩埚中烧制，气体不会从两侧逸出，增大了发泡的数目，且物料结合较为松散，发泡后气体易逸出，会形成一定的开口孔；而随着成型压力逐渐增大，由于气泡的表面张力和物料间的黏结阻力的作用，气体不易逸出，从而在样品内部形成了闭口孔，因而吸水率逐渐减小。在成型压力为 6MPa 时吸水率降至最低，之后随着成型压力的进一步增大，吸水率略有增大。

3. 成型压力对赤泥-硅灰基泡沫玻璃密度的影响

图 7-11 为不同成型压力对赤泥-硅灰基泡沫玻璃密度的影响。

由图 7-11 可以看出，成型压力为零时的泡沫玻璃密度最小，是因为气体最容易逸出，而 4MPa 时，由于成型压力过小，物料结合较为松散，发泡后气体逸出，发泡效果

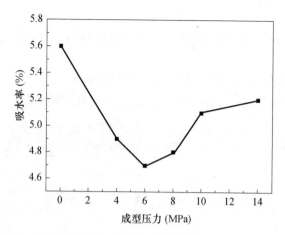

图 7-10　不同成型压力对赤泥-硅灰基泡沫玻璃吸水率的影响

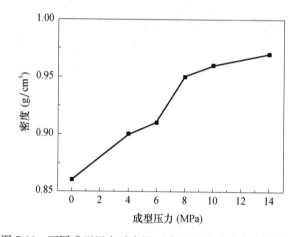

图 7-11　不同成型压力对赤泥-硅灰基泡沫玻璃密度的影响

不好，故而密度有一定的增高；在 6MPa 时，物料结合程度与气泡变大的表面张力维持一定的平衡，故而发泡效果较好，密度也较低；随后随着压力的进一步增大，物料结合紧密，发泡阻力增大，内部发泡较少，故而密度急剧增大；随后阻力进一步增大，密度增长速度趋于平缓。

4. 小结

综合成型压力对泡沫玻璃外观形貌、吸水率以及密度的影响较大，在压力为 6MPa 时，泡沫玻璃发泡充分，孔径大小、孔壁厚薄较为适中，综合性能相对较好。因此，成型压力为 6MPa 时，赤泥-硅灰基泡沫玻璃保温层与装饰层的适应性相对较好。

7.2.4　装饰层与泡沫玻璃层厚度比对赤泥-硅灰基泡沫玻璃性能的影响

1. 厚度比对赤泥-硅灰基泡沫玻璃宏观形貌的影响

图 7-12 为不同保温层与装饰层比例对赤泥-硅灰基泡沫玻璃宏观形貌的影响。

图 7-12　不同保温层与装饰层比例对赤泥-硅灰基泡沫玻璃宏观形貌的影响

由图 7-12 可以看出，随着保温层与装饰层比例的降低，内部的发泡效果也受到了一定的影响。保温层与装饰层厚度比为 3：1 时，样品内部相对密实；厚度比为 10：1时发泡数量较多，但孔径大小不太均匀。当厚度比为 4：1 时发泡较为均匀，孔径大小及分布均匀且气孔壁较薄。综上所述，泡沫玻璃层与玻化砖厚度比为 4：1 时，发泡效果较好。

2. 厚度比对赤泥-硅灰基泡沫玻璃吸水率的影响

图 7-13 为不同厚度比对赤泥-硅灰基泡沫玻璃吸水率的影响。

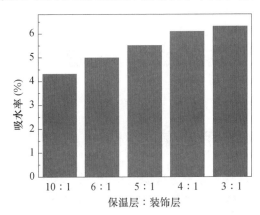

图 7-13　不同厚度比对赤泥-硅灰基泡沫玻璃吸水率的影响

由图 7-13 可以明显看出，随着保温层与装饰层厚度比的减小，泡沫玻璃的吸水率增大。厚度比不同意味着玻化砖的质量不同而其他的不变，在其他烧制条件相同的情况下，泡沫玻璃的吸水率有变化但不会有太大的波动。本次试验吸水率明显增大是由于随着保温层与装饰层厚度比的减小，玻化砖质量增大，玻化砖吸水率大，导致泡沫玻璃整体吸水率逐渐升高。

3. 厚度比对硅灰泡沫玻璃密度的影响

图 7-14 为不同厚度比对赤泥-硅灰基泡沫玻璃密度的影响。

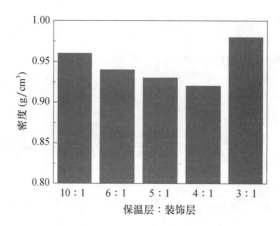

图 7-14　不同厚度比对赤泥-硅灰基泡沫玻璃密度的影响

由图 7-14 可以看出,随着保温层与装饰层厚度比的减小,密度先降低后增大,但密度的整体变化不太大。厚度比为 4∶1 时,泡沫玻璃的密度最小,约为 0.92g/cm³;比例为 3∶1 时泡沫玻璃的密度最大,约为 0.98g/cm³,较厚度比为 4∶1 时增大了约 7%。

4. 小结

综合保温层和装饰层厚度比的不同对赤泥-硅灰基泡沫玻璃的宏观形貌、吸水率以及密度的影响可知,当厚度比为 4∶1 时,泡沫玻璃的保温层和装饰层的适应性相对较好。

7.3　赤泥-粉煤灰基泡沫玻璃保温层与装饰层适应性研究

7.3.1　发泡温度对赤泥-粉煤灰基泡沫玻璃性能的影响

1. 发泡温度对赤泥-粉煤灰基泡沫玻璃宏观形貌的影响

不同发泡温度对赤泥-粉煤灰基泡沫玻璃的外观形貌和内部发泡情况的影响如图 7-15 和图 7-16 所示。

图 7-15　不同发泡温度对赤泥-粉煤灰基泡沫玻璃外观形貌的影响

图 7-16　不同发泡温度对赤泥-粉煤灰基泡沫玻璃内部发泡情况的影响

由图 7-15 和图 7-16 可知,当发泡温度为 850℃时,试样发泡温度太低,保温层基本没有发泡,外形变化不大;当发泡温度达到 900℃以上时,保温层开始出现不同程度的发泡;当发泡温度为 950℃时试样发泡最明显,发泡孔径在 3mm 左右;当发泡温度增加到 975℃、1000℃时,发泡温度过高导致试样融化严重变形,气孔发泡较为均匀,但观察出其气孔壁相对较厚,孔径相对较小。

2. 发泡温度对赤泥-粉煤灰基泡沫玻璃吸水率的影响

不同发泡温度对赤泥-粉煤灰基泡沫玻璃吸水率的影响如图 7-17 所示。

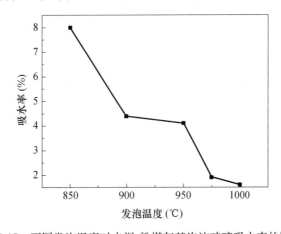

图 7-17　不同发泡温度对赤泥-粉煤灰基泡沫玻璃吸水率的影响

由图 7-17 可知,随着温度的增加,试样吸水率呈现出减小的趋势,试样在 1000℃时吸水率最小。

3. 发泡温度对赤泥-粉煤灰基泡沫玻璃密度的影响

不同发泡温度对赤泥-粉煤灰基泡沫玻璃密度的影响如图 7-18 所示。

由图 7-18 可知,随着发泡温度的升高,泡沫玻璃的密度先降低后升高,在 950℃时密度最低。

4. 发泡温度对泡沫玻璃物相的影响

为研究不同发泡温度对试样内部结构的影响,对 800℃、850℃、900℃、950℃、975℃、1000℃几种温度下的试样进行了 XRD 物相分析,具体如图 7-19 所示。

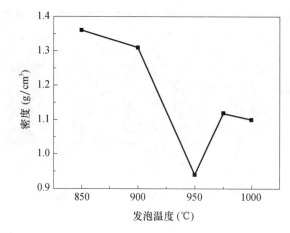

图 7-18　不同发泡温度对赤泥-粉煤灰基泡沫玻璃密度的影响

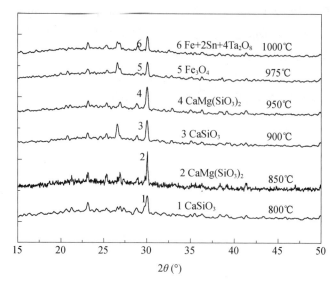

图 7-19　不同发泡温度对泡沫玻璃物相的影响

由图 7-19 可知，在不同发泡温度下，生成的晶相有所不同，原材料中含有 SiO_2、Fe_2O_3、CaO 等成分，在各发泡温度下发生反应，生成熔点较高不同种类的晶相，且其含量也不尽相同。

7.3.2　发泡保温时间的影响

1. 发泡保温时间对赤泥-粉煤灰基泡沫玻璃宏观形貌的影响

不同发泡保温时间对赤泥-粉煤灰基泡沫玻璃宏观结构和发泡情况的影响如图 7-20 和图 7-21 所示。

从图 7-20 可以看出，发泡保温时间的长短对整体外观的影响不大，成品相对都比较致密，发泡保温时间为 30min 时表面有孔洞。从图 7-21 可以看出，对内部发泡情况来说，发泡保温时间为 30min、60min 和 90min 时内部均有大小孔出现，但 30min 时的试样相较 60min 和 90min 的试样内部略显密实。

图 7-20 不同发泡保温时间对赤泥-粉煤灰基泡沫玻璃宏观结构的影响

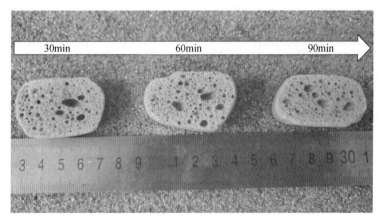

图 7-21 不同发泡保温时间对赤泥-粉煤灰基泡沫玻璃发泡情况的影响

2. 发泡保温时间对赤泥-粉煤灰基泡沫玻璃吸水率的影响

不同发泡保温时间对赤泥-粉煤灰基泡沫玻璃吸水率的影响如图 7-22 所示。

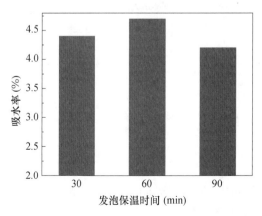

图 7-22 不同发泡保温时间对赤泥-粉煤灰基泡沫玻璃吸水率的影响

由图 7-22 可以看出，随着发泡保温时间的延长，泡沫玻璃试样的吸水率先升高后降低。发泡保温时间为 30min 时试样的吸水率为 4.4％，60min 时试样的吸水率为 4.7％，90min 时试样的吸水率为 4.2％，最大值较最小值高约 11.9％。

3. 发泡保温时间对赤泥-粉煤灰基泡沫玻璃密度的影响

不同发泡保温时间对赤泥-粉煤灰基泡沫玻璃密度的影响如图 7-23 所示。

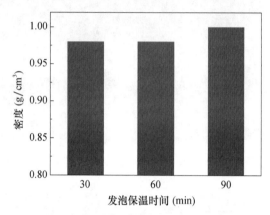

图 7-23　不同发泡保温时间对赤泥-粉煤灰基泡沫玻璃密度的影响

由图 7-23 可以看出，随着发泡保温时间的延长，赤泥-粉煤灰基泡沫玻璃密度的变化不大，发泡保温时间为 30min 和 60min 时，泡沫玻璃的密度为 0.98g/cm³，发泡保温时间为 90min 时，泡沫玻璃的密度为 1.00g/cm³。

4. 发泡保温时间对赤泥-粉煤灰基泡沫玻璃物相的影响

不同发泡保温时间对赤泥-粉煤灰基泡沫玻璃物相的影响如图 7-24 所示。

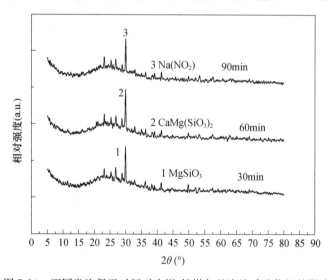

图 7-24　不同发泡保温时间对赤泥-粉煤灰基泡沫玻璃物相的影响

由图 7-24 可知，不同的发泡保温时间对试样的晶相种类有一定的影响，同等情况下发泡保温时间为 60min 时图谱的峰值较高，可知其结晶程度相对较高。

7.3.3 成型压力对赤泥-粉煤灰基泡沫玻璃性能的影响

1. 成型压力对赤泥-粉煤灰基泡沫玻璃宏观形貌的影响

采用压制成型工艺时，其他条件不变，采用不同的成型压力压制试样。不同成型压力对赤泥-粉煤灰基泡沫玻璃宏观形貌的影响如图 7-25 所示。

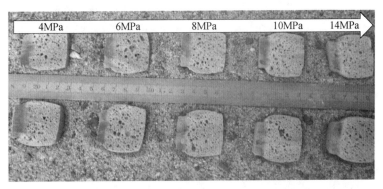

图 7-25   不同成型压力对赤泥-粉煤灰基泡沫玻璃宏观形貌的影响

由图 7-25 可知，成型压力从小到大逐渐增加时，试样的体积变化不太明显。压力为 6MPa、8MPa 和 10MPa 时内部出现较大孔，压力为 4MPa 和 14MPa 时，内部气泡孔径较均匀。

2. 成型压力对赤泥-粉煤灰基泡沫玻璃吸水率的影响

不同成型压力对赤泥-粉煤灰基泡沫玻璃吸水率的影响如图 7-26 所示。

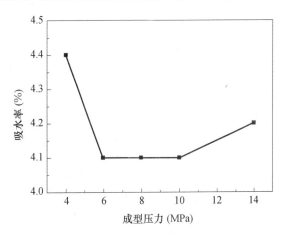

图 7-26   不同成型压力对赤泥-粉煤灰基泡沫玻璃吸水率的影响

由图 7-26 可知，随着成型压力的增大，试样的吸水率先降低后又略有升高。成型压力为 6MPa、8MPa 和 10MPa 时，吸水率差别不大，成型压力为 4MPa 时，试样的吸水率最大，较成型压力为 6MPa、8MPa 和 10MPa 时的试样吸水率高约 7.3%。

3. 成型压力对赤泥-粉煤灰基泡沫玻璃密度的影响

不同成型压力对赤泥-粉煤灰基泡沫玻璃密度的影响如图 7-27 所示。

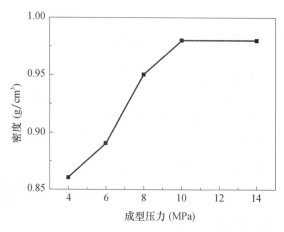

图 7-27　不同成型压力对赤泥-粉煤灰基泡沫玻璃密度的影响

由图 7-27 可知，随着成型压力的增大，试样的密度逐渐增大。这是由于成型压力越大，试样压制越密实，气体的逸出越不容易，因此密度越大。成型压力为 14MPa 时试样的密度较成型压力为 4MPa 时的试样高约 14.0%。

7.3.4　装饰层与保温层厚度比对赤泥-粉煤灰基泡沫玻璃的影响

1. 装饰层与保温层厚度比对赤泥-粉煤灰基泡沫玻璃宏观形貌的影响

不同装饰层与保温层厚度比对赤泥-粉煤灰基泡沫玻璃外观结构和内部发泡情况的影响如图 7-28 和图 7-29 所示。

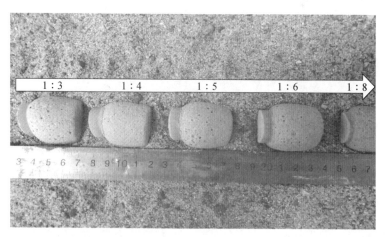

图 7-28　不同装饰层与保温层厚度比对赤泥-粉煤灰基泡沫玻璃外观结构的影响

由图 7-28 可知，装饰层与保温层厚度比为 1∶4、1∶5、1∶6 和 1∶8 时，保温层与装饰层的界面处均不同程度地出现了裂缝，保温层与装饰层的相容性不好。由图 7-29 可知，装饰层与保温层厚度比为 1∶3 和 1∶8 时，内部发泡情况比较接近，但相对来说厚度比为 1∶8 时发泡更充分。

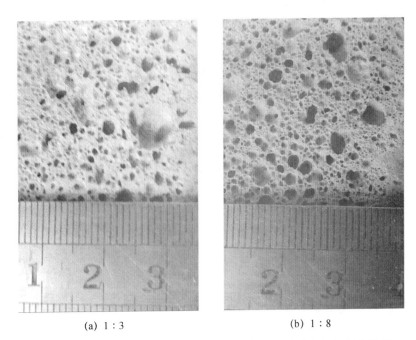

(a) 1∶3　　　　　　　　　　　　　(b) 1∶8

图 7-29　不同装饰层与保温层厚度比对赤泥-粉煤灰基泡沫玻璃内部发泡情况的影响

2. 装饰层与保温层厚度比对赤泥-粉煤灰基泡沫玻璃吸水率的影响

不同装饰层与保温层厚度比对赤泥-粉煤灰基泡沫玻璃吸水率的影响如图 7-30 所示。

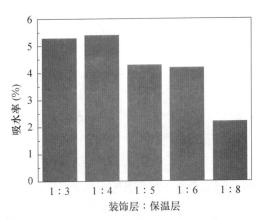

图 7-30　不同装饰层与保温层厚度比对赤泥-粉煤灰基泡沫玻璃吸水率的影响

由图 7-30 可以看出，装饰层与保温层的厚度比对试样吸水率有很大影响，试验中保温层厚度一定，装饰层厚度越大其吸水率也越高。

3. 装饰层与保温层厚度比对赤泥-粉煤灰基泡沫玻璃密度的影响

不同装饰层与保温层厚度比对赤泥-粉煤灰基泡沫玻璃密度的影响如图 7-31 所示。

由图 7-31 可知，装饰层与保温层厚度比不同时，试样的密度差别也不同。装饰层与保温层厚度比降低，泡沫玻璃试样的密度也逐步降低。厚度比为 1∶8 时，试样的密度最小，较厚度比为 1∶3 时的试样降低了 12.8%。

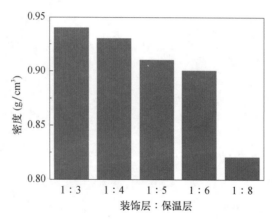

图 7-31　不同装饰层与保温层厚度比对赤泥-粉煤灰基泡沫玻璃密度的影响

7.4　赤泥-煤矸石基泡沫玻璃保温层与装饰层适应性研究

7.4.1　发泡温度对赤泥-煤矸石基泡沫玻璃性能的影响

1. 发泡温度对赤泥-煤矸石基泡沫玻璃宏观结构的影响

不同发泡温度对赤泥-煤矸石基泡沫玻璃宏观结构及内部发泡情况的影响如图 7-32 所示。

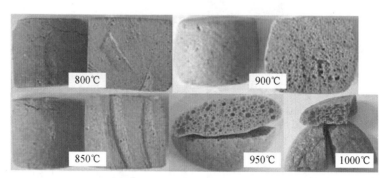

图 7-32　不同发泡温度对赤泥-煤矸石基泡沫玻璃宏观结构及内部发泡情况的影响

从图 7-32 中可以看出，发泡温度为 800℃和 850℃时泡沫玻璃基本不发泡，试样整体较为致密，表面粗糙；900℃时泡沫玻璃发泡不均匀，气泡孔径太小，表面较为粗糙；950℃发泡温度下，泡沫玻璃的发泡好，均匀，孔径适中，表面光滑，有光泽；1000℃发泡温度下，泡沫玻璃的发泡较差，有个别连通孔，孔径较大，且样品表面有开口孔。

2. 发泡温度对赤泥-煤矸石基泡沫玻璃吸水率的影响

不同发泡温度对赤泥-煤矸石基泡沫玻璃吸水率的影响如图 7-33 所示。

由图 7-33 可以看出，随着发泡温度的升高，泡沫玻璃试样的吸水率逐渐降低。

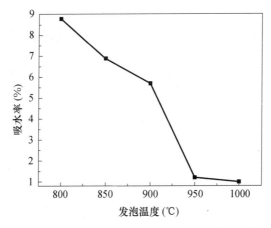

图 7-33　不同发泡温度对赤泥-煤矸石基泡沫玻璃吸水率的影响

800℃和 850℃时，试样内部密实，但是泡沫玻璃的装饰层还未达到烧结致密的程度，并未发生"磁化"过程，因此吸水率较大；900℃时，泡沫玻璃出现了不均匀的发泡，装饰层较 800℃和 850℃时应该更加密实，因此吸水率略有降低；950℃和 1000℃情况下，泡沫玻璃保温层发泡充分，形成了较多的闭口孔，装饰层也随着发泡温度的升高越来越致密，因此吸水率降低。

3. 发泡温度对赤泥-煤矸石基泡沫玻璃密度的影响

不同发泡温度对赤泥-煤矸石基泡沫玻璃密度的影响如图 7-34 所示。

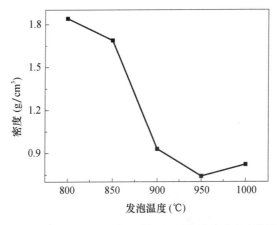

图 7-34　不同发泡温度对赤泥-煤矸石基泡沫玻璃密度的影响

由图 7-34 可知，随着发泡温度的升高，泡沫玻璃试样的密度先降低后增大，950℃时样品密度最小，较发泡温度 800℃时的样品低约 55.4%，这还是因为 950℃时样品发泡比较均匀导致的。

4. 小结

综合考虑发泡温度对赤泥-煤矸石基泡沫玻璃外观结构、发泡情况、吸水率和密度的影响，950℃时赤泥-煤矸石基泡沫玻璃的保温层和装饰层相容性是相对较好的。

7.4.2 烧结时间对赤泥-煤矸石基泡沫玻璃性能的影响

1. 烧结时间对赤泥-煤矸石基泡沫玻璃宏观结构及发泡情况的影响

不同烧结时间对赤泥-煤矸石基泡沫玻璃宏观结构及发泡情况的影响如图 7-35 和图 7-36 所示。

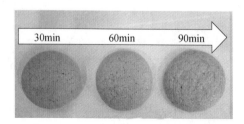

图 7-35　不同烧结时间对赤泥-煤矸石基泡沫玻璃宏观结构的影响

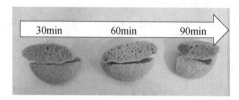

图 7-36　不同烧结时间对赤泥-煤矸石基泡沫玻璃发泡情况的影响

从图 7-35 可以看出，烧结时间为 30min、60min 和 90min 时，样品表面均不光滑，且有很多孔洞存在。从图 7-36 所示样品内部的发泡情况来看，三个烧结时间下，样品的发泡情况都较好，但 60min 时的样品相对发泡更加均匀，孔壁更薄。

2. 烧结时间对赤泥-煤矸石基泡沫玻璃吸水率的影响

不同烧结时间对赤泥-煤矸石基泡沫玻璃吸水率的影响如图 7-37 所示。

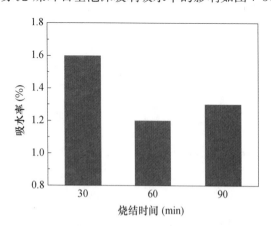

图 7-37　不同烧结时间对赤泥-煤矸石基泡沫玻璃吸水率的影响

由图 7-37 可知，随着烧结时间的延长，赤泥-煤矸石基泡沫玻璃的吸水率先降低后增大，烧结时间为 60min 时，附着有装饰层的赤泥-煤矸石基泡沫玻璃的吸水率最低，较 30min 时的样品低约 25%。

3. 烧结时间对赤泥-煤矸石基泡沫玻璃密度的影响

不同烧结时间对赤泥-煤矸石基泡沫玻璃密度的影响如图 7-38 所示。

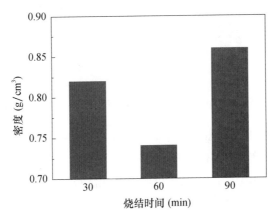

图 7-38　不同烧结时间对赤泥-煤矸石基泡沫玻璃密度的影响

由图 7-38 可知，随着烧结时间的延长，泡沫玻璃样品的密度先降低后增大，烧结时间为 60min 时样品的密度最小，较 90min 情况下样品的密度小约 14.0%。

4. 小结

综合考虑烧结时间对赤泥-煤矸石基泡沫玻璃的宏观结构、发泡情况、吸水率、密度的影响，烧结时间为 60min 时，赤泥-煤矸石基泡沫玻璃的保温层和装饰层相对适应性更好一些。

7.4.3　成型压力对赤泥-煤矸石基泡沫玻璃性能的影响

1. 成型压力对赤泥-煤矸石基泡沫玻璃宏观结构及发泡情况的影响

不同成型压力对赤泥-煤矸石基泡沫玻璃宏观结构及发泡情况的影响如图 7-39 和图 7-40 所示。

图 7-39　不同成型压力对赤泥-煤矸石基泡沫玻璃宏观结构的影响

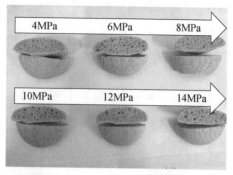

图 7-40　不同成型压力对赤泥-煤矸石基泡沫玻璃发泡情况的影响

从图 7-39 中可以看出，成型压力不同时，试样的外观结构变化不大。由图 7-40 可以看出，在 4～10MPa 的成型压力下，赤泥-煤矸石基泡沫玻璃的发泡都较好，但在 12MPa 和 14MPa 的成型压力下，赤泥-煤矸石基泡沫玻璃有较大的气孔和个别连通孔出现，这可能是由于随着成型压力的增加，样品内部结合紧密，气泡不易逸出，在发泡过程中，相互结合形成连通孔和大孔；其他几个成型压力情况下，压力为 6MPa 的样品发泡更加均匀一些。

2. 成型压力对赤泥-煤矸石基泡沫玻璃吸水率的影响

不同成型压力对赤泥-煤矸石基泡沫玻璃吸水率的影响如图 7-41 所示。

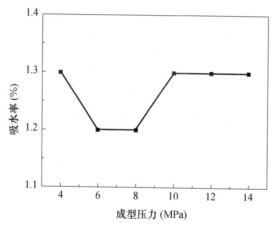

图 7-41　不同成型压力对赤泥-煤矸石基泡沫玻璃吸水率的影响

由图 7-41 可知，随着成型压力的变化，赤泥-煤矸石基泡沫玻璃的吸水率先降低后增大。成型压力过小，样品内部松散，容易导致吸水率偏大；成型压力过大，样品更加密实，发泡更加不易均匀，也易导致吸水率偏大；成型压力为 6～8MPa 时，样品的吸水率相对较低。

3. 成型压力对赤泥-煤矸石基泡沫玻璃密度的影响

不同成型压力对赤泥-煤矸石基泡沫玻璃密度的影响如图 7-42 所示。

由图 7-42 可以看出，随着成型压力的增大，泡沫玻璃样品的密度先降低后增大。成型压力为 6MPa 时，样品的密度最小；成型压力为 14MPa 时，样品的密度最大，较

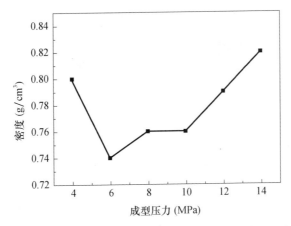

图 7-42　不同成型压力对赤泥-煤矸石基泡沫玻璃密度的影响

成型压力为 6MPa 时高约 10.8%。

4. 小结

综合考虑成型压力对赤泥-煤矸石基泡沫玻璃的外观结构、发泡情况、吸水率和密度的影响，成型压力为 6MPa 时，赤泥-煤矸石基泡沫玻璃的保温层与装饰层相容性相对较好。

7.4.4　保温层与装饰层厚度比对赤泥-煤矸石基泡沫玻璃的影响

1. 保温层与装饰层厚度比对赤泥-煤矸石基泡沫玻璃宏观结构和发泡情况的影响

不同保温层与装饰层厚度比对赤泥-煤矸石基泡沫玻璃宏观结构和发泡情况的影响如图 7-43 和图 7-44 所示。

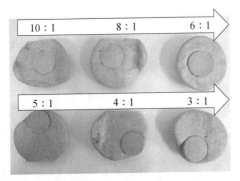

图 7-43　不同保温层与装饰层厚度比对赤泥-煤矸石基泡沫玻璃宏观结构的影响

从图 7-43 可以看出，随着保温层与装饰层厚度比的变化，赤泥-煤矸石基泡沫玻璃的外观结构比较接近，保温层体积变化较大，装饰层几乎不变，但厚度比为 10∶1 时保温层向四周发泡较均匀。

由图 7-44 可以看出，随着保温层与装饰层厚度比的变化，赤泥-煤矸石基泡沫玻璃的发泡情况变化不大，较为接近。

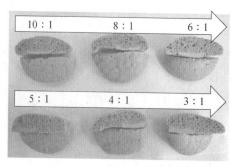

图 7-44　不同保温层与装饰层厚度比对赤泥-煤矸石基泡沫玻璃发泡情况的影响

2. 保温层与装饰层厚度比对赤泥-煤矸石基泡沫玻璃吸水率的影响

不同保温层与装饰层厚度比对赤泥-煤矸石基泡沫玻璃吸水率的影响如图 7-45 所示。

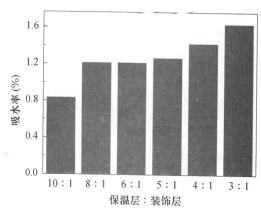

图 7-45　不同保温层与装饰层厚度比对赤泥-煤矸石基泡沫玻璃吸水率的影响

由图 7-45 可知，随着保温层与装饰层厚度比的降低，装饰层的厚度越来越大，赤泥-煤矸石基泡沫玻璃的吸水率越来越大，厚度比为 10∶1 时吸水率相对最低。

3. 保温层与装饰层厚度比对赤泥-煤矸石基泡沫玻璃密度的影响

不同保温层与装饰层厚度比对赤泥-煤矸石基泡沫玻璃密度的影响如图 7-46 所示。

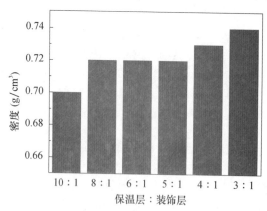

图 7-46　不同保温层与装饰层厚度比对赤泥-煤矸石基泡沫玻璃密度的影响

段

由图 7-46 可知，随着保温层与装饰层厚度比的降低，装饰层的厚度越来越大，附着有装饰层的赤泥-煤矸石基泡沫玻璃的密度越大，厚度比为 10：1 时密度相对最低。

4. 小结

综合考虑保温层与装饰层厚度比对赤泥-煤矸石基泡沫玻璃的外观结构、发泡情况、吸水率和密度的影响，保温层与装饰层厚度比为 10：1 时保温层与装饰层的相容性相对较好。

7.5 赤泥-生活垃圾焚烧灰渣基泡沫玻璃保温层与装饰层适应性研究

鉴于上述研究一次烧成赤泥-硅灰基、赤泥-粉煤灰基、赤泥-煤矸石基泡沫玻璃的保温层与装饰层的适应性不太好的问题，本节研究增加了自己配置的装饰层配方、保温层与装饰层的结合方式、过渡层的用量、保温层和装饰层的结合强度等内容。

7.5.1 泡沫玻璃保温层与装饰层一体化制备工艺研究

1. 保温层与装饰层的结合方式研究

以已知材料玻化砖为装饰层，与确定的保温层用上述三种不同的结合方式进行试件的制作。三种不同的结合方式制作的试件如图 7-47 所示。

(a) 结合方式一　　　　　(b) 结合方式二　　　　　(c) 结合方式三

图 7-47　不同结合方式制作的泡沫玻璃试件

由图 7-47 可以看出，三种不同的结合方式中，结合方式一的结合面平整，结合方式二的结合面装饰层与保温层材料有交错，结合方式三中装饰层、过渡层和保温层层次分明，又结合紧密不脱落。

将制作成的试件烘干后放入炉中，升温至 1000℃并保温 40min，烧成的泡沫玻璃如图 7-48 所示，结合处的微观结构如图 7-49 所示。

不同结合方式的泡沫玻璃的结合强度见表 7-7。

表 7-7　不同结合方式的泡沫玻璃结合强度

结合方式	一	二	三
结合强度（MPa）	1.56	1.83	2.27

(a) 结合方式一　　　　(b) 结合方式二　　　　(c) 结合方式三

图 7-48　不同结合方式的泡沫玻璃

(a) 结合方式一　　　　(b) 结合方式二　　　　(c) 结合方式三

图 7-49　结合处的微观形貌

从图 7-48 和图 7-49 的保温层与装饰层的结合处可以看出，方式一的结合处很平整，但结合处有很多孔，这不利于保温层与装饰层的结合；方式二结合处保温层与装饰层会有交错，但也有较多的孔，会降低结合强度；方式三因为有过渡层的存在，结合处不仅有交错，而且发的泡也是由小到大慢慢过渡的，结合处的孔小就增加了结合的面积，结合强度也会由此增加。另外，由表 7-7 的数据也可看出结合方式三的结合强度较高。

2. 装饰层配方及工艺优化的研究

1）装饰层材料处理及工艺优化

（1）装饰层材料预烧

为了确定所选用的三种配方的装饰层材料能否很好地作为泡沫玻璃的装饰层，先对三种装饰层材料进行压片，以相同的升温制度在 1000℃下煅烧，结果如图 7-50 所示。

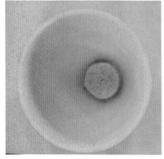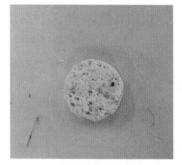

(a) 装饰层一　　　　(b) 装饰层二　　　　(c) 装饰层三

图 7-50　装饰层材料煅烧情况

图 7-50 中从左到右依次是上述三种装饰层在 1000℃下煅烧的结果，装饰层一稍微有些熔融；装饰层二的熔融程度较低；装饰层三根本就没有一点熔融现象。由于在相对较低温度下直接烧装饰层不会熔融成更致密状态，因此要对装饰层的材料进行预处理。

（2）装饰层材料的预处理

将装饰层材料放入坩埚中，并在高温炉中升至 1400℃后，熔融保温 60min，然后进行水淬，得到水淬后的玻璃体如图 7-51 所示，粉磨后如图 7-52 所示。

(a) 装饰层一　　　　　　　(b) 装饰层二　　　　　　　(c) 装饰层三

图 7-51　装饰层预处理后得到的玻璃态物质

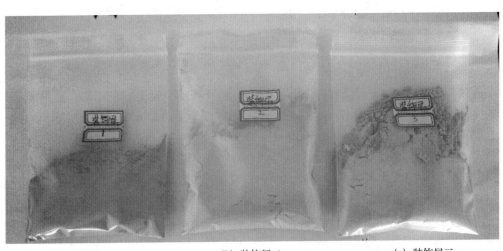

(a) 装饰层一　　　　　　　(b) 装饰层二　　　　　　　(c) 装饰层三

图 7-52　装饰层的玻璃态物质粉磨样品

从图 7-51 和图 7-52 中可以看出，难以熔融的装饰层材料经过水淬后，形成了玻璃态，这就降低了熔融温度，并且可以粉磨到很细的粒度，能与保温层结合制成试件在同一个温度下烧制。

2）发泡温度对装饰层材料配方的影响

（1）发泡温度为 950℃

将三种水淬、粉磨过的装饰层材料按照结合方式三与保温层结合制成试件，在高温炉中依照升温制度升温，并在 950℃下保温 40min，观察烧成后的质量。在煅烧过程中为了使泡沫玻璃发泡方向一致，更容易成型，在试件上套一个直径稍大一些的耐高温管子。烧成的结果如图 7-53 和图 7-54 所示。

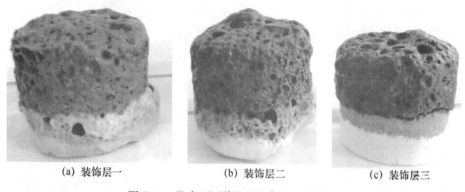

(a) 装饰层一   (b) 装饰层二   (c) 装饰层三

图 7-53　带有不同装饰层的泡沫玻璃侧面

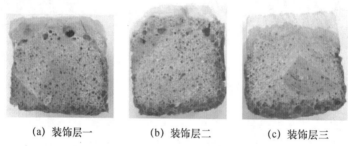

(a) 装饰层一   (b) 装饰层二   (c) 装饰层三

图 7-54　带有不同装饰层的泡沫玻璃剖面

从图 7-53 和图 7-54 可以看出，保温层的发泡效果不是很好，使用耐高温的管子套住试件，管子有一定的隔热作用，内部试件实际受到的加热温度由于管子的隔热作用小于 950℃，因此发泡温度不够，发泡效果较差。三种装饰层已经熔融，经过冷却，形成了不同的外观，而且较致密。图 7-54 中每个试件的保温层与装饰层结合处做对比，装饰层一和装饰层二的过渡层已经有发泡现象，但仍将保温层与装饰层连接在一起，而装饰层三的过渡层，只有很少且很小的泡，结合效果更好。

用超景深三维视频显微镜在 50 倍下观察装饰层的表面和装饰层与保温层界面处的微观结构，如图 7-55 和图 7-56 所示。

图 7-55 中，装饰层一和装饰层二虽然致密，但表面不是很光滑，而装饰层三看上去致密又光滑，很适合用作装饰层。在图 7-56 中，用装饰层一和装饰层二制作的过渡层都有发泡的迹象，这是不利于连接装饰层与保温层的；用装饰层三制作的过渡层则没有发泡，结合得也很紧密，结合强度比前两种高。

（2）发泡温度为 1000℃

发泡温度为 950℃时，保温层的发泡效果并不是很好，会影响对装饰层的分析和选择，所以要提高温度再做试验进行对比。用同样的保温层与装饰层配方，相同的结合方式，制作试件。以相同的升温制度将温度升至 1000℃，并保温 40min，制成的泡沫玻璃如图 7-57 所示。

(a) 装饰层一   (b) 装饰层二   (c) 装饰层三

图 7-55　装饰层表面微观结构

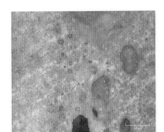 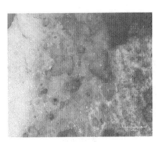 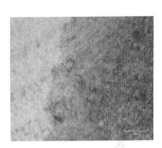

(a) 装饰层一   (b) 装饰层二   (c) 装饰层三

图 7-56　装饰层与保温层界面处的微观结构

(a) 装饰层一   (b) 装饰层二   (c) 装饰层三

图 7-57　制成的泡沫玻璃

从图 7-57 可以看出，泡沫玻璃的保温层在 1000℃下发泡质量较好，没有生烧现象，也没有很大的孔径。装饰层一和装饰层二都因为过渡层熔融发泡而脱落，在保温层与装饰层中间的过渡层产生了很大的气孔，导致连接强度很低。同时，装饰层一和装饰层二都是熔融后再凝固，呈现出脆性，容易破碎，这样的材料不适合用作泡沫玻璃的装饰层。装饰层三与保温层连接得很紧密，过渡层没有因为发泡产生大孔隙，装饰层也烧制得很致密，不会轻易地被破坏。

装饰层三表面的微观结构如图 7-58 所示，装饰层三与保温层的界面结构如图 7-59 所示。

图 7-58　装饰层三表面的微观结构

图 7-59　装饰层三与保温层的界面结构

图 7-58 中装饰层表面依然很平整、致密，没有因温度升高而产生大的变化。图 7-59 中过渡层仍没有发泡，有效地将装饰层与保温层紧密结合在一起。

（3）发泡温度为 1050℃

将发泡温度升至 1050℃，用相同的制度烧制泡沫玻璃，如图 7-60 所示。

 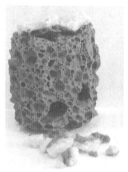 

（a）装饰层一　　　　　　（b）装饰层二　　　　　　（c）装饰层三

图 7-60　发泡温度为 1050℃的泡沫玻璃

由图 7-60 可以看出，在发泡温度为 1050℃时，装饰层一与装饰层二和 1000℃烧制时的情况一样，都已经脱落，并且在 1050℃时装饰层一和装饰层二从外观上就能看出已经不是很致密了。装饰层三则相反，通过过渡层与保温层结合得更紧密。装饰层本身也更致密一些，保温层的发泡效果较好，孔径比较一致，大小适当，分布较均匀。

将带有装饰层三的泡沫玻璃切开，表面和界面处的微观结构如图 7-61 和图 7-62 所示。

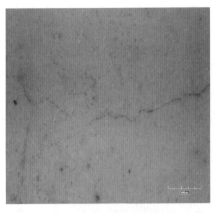

图 7-61　装饰层三的表面微观结构

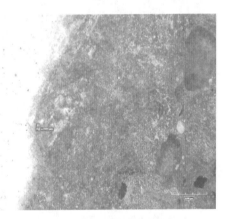

图 7-62　界面处的微观结构

从图 7-61 和图 7-62 可以看出，在 1050℃下烧制的泡沫玻璃装饰层三的表面已经出现裂缝，虽然还是很平整、致密，但裂缝的存在会影响外观和强度。界面处仍然结合紧密，过渡层也基本没有发泡。

（4）发泡温度为 1100℃

将发泡温度升至 1100℃，用相同的升温制度烧制泡沫玻璃，如图 7-63 所示。

发泡温度为 1100℃时，温度相对较高，出现了过烧现象，泡沫玻璃发泡后又在高温下重熔，最后将保温层烧成了致密状态，已经没有了泡沫玻璃的特征。装饰层一和装饰层二也已经熔融与保温层混为一体，装饰层三虽然没有与保温层一起熔融，但已经因为过烧而裂开。

（a）装饰层一   （b）装饰层二   （c）装饰层三

图 7-63   1100℃烧制的泡沫玻璃

装饰层三的煅烧情况如图 7-64 所示。

图 7-64   带有装饰层三的泡沫玻璃剖面

图 7-64 中的装饰层已经因过烧而开裂和变色，这说明 1100℃不仅超出了保温层的制作温度，也会让装饰层过烧，不适合作为保温装饰一体化制作的温度。

通过以上在四种温度下对三种装饰层与保温层一体化制作的成果及情况分析，装饰层三无论是与保温层的结合程度还是适应的温度范围，都比装饰层一和装饰层二好，因此，选定装饰层三作为一体化制作的装饰层材料。

3）发泡温度对泡沫玻璃装饰层与保温层结合强度的影响

不同发泡温度下，泡沫玻璃受拉伸时，断裂位置如图 7-65 所示。

由图 7-65 可知，950℃时断裂部位为过渡层与保温层之间，1000℃和 1050℃时断裂位置为保温层内部。

泡沫玻璃装饰层与保温层的结合强度见表 7-8，不同发泡温度下装饰层与保温层的界面微观结构如图 7-66 所示。

表 7-8   泡沫玻璃装饰层与保温层的结合强度

温度（℃）	950	1000	1050
结合强度（MPa）	0.82	2.59	1.91

(a) 950℃   (b) 1000℃   (c) 1050℃

图 7-65   泡沫玻璃受拉断裂位置

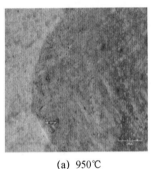   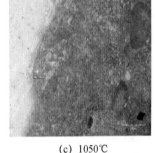

(a) 950℃   (b) 1000℃   (c) 1050℃

图 7-66   不同发泡温度下装饰层与保温层的界面微观结构

由表 7-8 可知，泡沫玻璃装饰层与保温层的结合强度受温度影响较大，1000℃时结合强度最高，其次是 1050℃，950℃时结合强度较低。

结合图 7-65、图 7-66 和表 7-8 可知，950℃烧成时泡沫玻璃的薄弱部位为过渡层与保温层的界面处，而 1000℃和 1050℃时装饰层与保温层的结合没有问题，薄弱部位在保温层内部。同时，1000℃烧成的泡沫玻璃较 1050℃时结合强度提高了约 35%。

7.5.2 过渡层对泡沫玻璃性能的影响

1. 过渡层配比对泡沫玻璃性能的影响

影响保温层与装饰层适应性的不仅是装饰层配合比和发泡温度，过渡层的配合比也对装饰层与保温层的适应性有较大影响。本试验设定的过渡层中，保温层材料占比分别为 20%、40%、60%、80%，其余为装饰层材料。

过渡层配比对界面微观结构的影响如图 7-67 所示。

由图 7-67 可知，随着保温层材料占比的增加，过渡层的颜色也越接近保温层的颜色，这说明过渡层的性质也随着保温层材料的增加与保温层更相似。相对来说，装饰层占比大，过渡层性质会与装饰层相似。

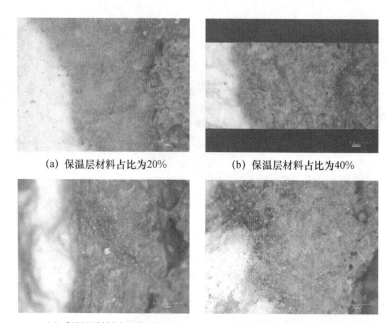

(a) 保温层材料占比为20%　　　　　(b) 保温层材料占比为40%

(c) 保温层材料占比为60%　　　　　(d) 保温层材料占比为80%

图 7-67　过渡层配比对界面微观结构的影响

不同过渡层配合比对泡沫玻璃装饰层与保温层结合强度的影响见表 7-9。

表 7-9　不同过渡层配合比对泡沫玻璃装饰层与保温层结合强度的影响

保温层占比（%）	20	40	60	80
结合强度（MPa）	1.39	2.59	2.45	1.51

由表 7-9 可以看出，随着保温层材料占比增加，结合强度先增加后降低，占比达到 80% 时，强度迅速下降。占比为 40% 和为 60% 的结合强度相对高是因为过渡层中保温层与装饰层的比例均衡，使过渡层的性质与保温层和装饰层都有相似的地方，所以与两者结合得也很紧密，强度就相对较高。保温层占比为 60% 的泡沫玻璃结合处稍微有些发泡，强度低于保温层占比为 40% 的泡沫玻璃。因此，过渡层较适宜的配合比为保温层材料：装饰层材料＝40：60。

2. 过渡层用量对泡沫玻璃性能的影响

除了过渡层配方之外，过渡层用量不同，过渡层的厚度就不同，装饰层和保温层的结合强度也不同。该试验中过渡层配合比为保温层材料：装饰层材料＝40：60，过渡层用量分别为保温层与装饰层材料综合的 10%、15% 和 20%。

过渡层用量不同时泡沫玻璃过渡层的厚度、装饰层与保温层的结合强度见表 7-10，界面处微观结构如图 7-68 所示。

表 7-10　过渡层用量不同时泡沫玻璃过渡层的厚度、装饰层与保温层的结合强度

过渡层用量（%）	10	15	20
厚度（mm）	2.070	3.095	4.093
结合强度（MPa）	1.53	2.19	0.44

（a）过渡层用量为10%　　　　（b）过渡层用量为15%　　　　（c）过渡层用量为20%

图 7-68　过渡层用量不同时泡沫玻璃的界面微观结构

由表 7-10 可以看出，在过渡层厚度较小的范围内，结合强度会随着过渡层厚度的增加而增大，但是过大的过渡层厚度不利于结合强度的提高，过渡层厚度为 4.093mm 时，结合强度太低。较适宜的过渡层厚度为 3.095mm，此时过渡层用量为 15%。

由图 7-68 可以看出，过渡层用量为 15% 的界面最平整、致密，结合最好。

7.5.3　保温装饰一体化泡沫玻璃板制备及性能

结合前期研究成果，制备 300mm×300mm 的泡沫玻璃板，其宏观形貌如图 7-69 所示，微观形貌如图 7-70 所示，其性能见表 7-11。

（a）整体形貌　　　　　　（b）保温层　　　　　（c）装饰层与保温层一体化烧成

图 7-69　保温装饰一体化泡沫玻璃板宏观形貌

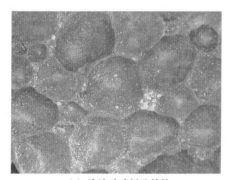
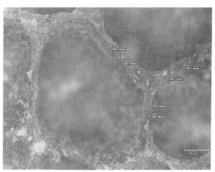

（a）泡沫玻璃板孔结构　　　　　　　（b）泡沫玻璃板孔壁厚

图 7-70　保温装饰一体化泡沫玻璃板微观形貌

由图 7-69 可知，泡沫玻璃板整体发泡效果较好、较均匀，且保温层和装饰层结合良好。由图 7-70（a）可知，泡沫玻璃板中孔的分布比较均匀，且大孔之间均存在小孔，其中几乎不存在连通孔，孔与孔全部分隔开；由图 7-70（b）可知，泡沫玻璃板中的孔壁厚度也较均匀，在 $50\sim80\mu m$。

泡沫玻璃板性能见表 7-11。

表 7-11　泡沫玻璃板性能

吸水量（kg/m^2）	密度（kg/m^3）	抗压强度（MPa）	导热系数［W/（m·K）］
0.28	250	2.06	0.066

由表 7-11 可知，泡沫玻璃板的密度为 $250kg/m^3$，对照《泡沫玻璃绝热制品》（JC/T 647—2014）的要求，该泡沫玻璃板密度大于 $181kg/m^3$，属于Ⅳ型泡沫玻璃板，吸水量为 $0.28kg/m^2$，抗压强度 $2.06MPa$，导热系数 $0.066W/（m·K）$，均能满足Ⅳ型泡沫玻璃板的要求。

参 考 文 献

[1] 建筑节能与绿色建筑发展"十三五"规划 [Z] . 住房城乡建设部, 2017.

[2] 许利峰 . "十三五"以来北方采暖地区居住建筑节能改造进展与启示 [J] . 住宅产业, 2020 (8): 36-40.

[3] 陆成龙, 戴永刚, 张国焘 . 建筑隔热保温材料的制备工艺和应用现状 [J] . 湖北理工学院学报, 2021, 37 (3): 29-32, 38.

[4] 夏帆, 崔诗才, 蒲锡鹏 . 赤泥综合利用现状综述 [J] . 中国资源综合利用, 2021, 39 (4): 85-89, 105.

[5] 王迪, 乔亮, 龚浩, 等 . 粉煤灰资源化综合利用研究现状 [J] . 现代矿业, 2021 (5): 18-20.

[6] 李贞, 王俊章, 申丽明, 等 . 煤矸石物化成分对其资源化利用的影响 [J] . 洁净煤技术, 2020, 26 (6): 34-44.

[7] 王晓栋, 张玥, 陈松, 等 . 煤矸石资源化利用的研究进展 [J] . 化学工程师, 2021 (4): 68-69, 63.

[8] 田英良, 张磊, 顾振华, 等 . 国内外泡沫玻璃发展概况和生产工艺 [J] . 玻璃与搪瓷, 2010, 38 (1): 37-41.

[9] 李家治 . 泡沫玻璃及其工业生产 [J] . 化学世界, 1954 (12): 545-547.

[10] 范征宇, 宋亮 . 增钙渣泡沫玻璃的研究 [J] . 哈尔滨师范大学自然科学学报, 2002, 18 (4): 20-23.

[11] 闵雁, 姚旦, 杨健 . 以废玻璃为原料研制泡沫玻璃 [J] . 玻璃, 2002 (2): 39-40.

[12] 李广申, 王立权 . 利用废玻璃和高炉渣制作泡沫玻璃的研究 [J] . 佛山陶瓷, 2002, 12 (8): 14-16.

[13] 方荣利, 刘敏, 周元林 . 利用粉煤灰研制泡沫玻璃 [J] . 新型建筑材料, 2003 (6): 38-40.

[14] 张召述, 李红勋, 周新涛 . 铸造废砂制备泡沫玻璃工艺研究 [J] . 中国铸造装备与技术, 2005 (1): 23-26.

[15] 成慧杰, 李秀华, 张婕, 等 . 硼硅酸盐泡沫玻璃研究 [J] . 硅酸盐通报, 2007, 26 (2): 264-267.

[16] 冯宗玉, 薛向欣, 李勇 . 利用油页岩渣制备微晶泡沫玻璃的研究 [J] . 材料导报, 2008, 22 (3): 131-133.

[17] 颜峰 . 基于硼泥制备泡沫玻璃和泡沫玻璃锦砖的研究 [D] . 大连: 大连理工大学, 2008.

[18] 周洁, 王志强, 李长敏, 等 . 用锰铁渣和废碎玻璃制备泡沫玻璃的工艺研究 [J] . 大连工业大学学报, 2009, 28 (5): 354-356.

[19] 宋强, 李刚, 马玉薇, 等 . 影响粉煤灰泡沫玻璃保温隔热性能的试验研究 [J] . 建筑科学, 2014, 30 (10): 63-66.

[20] 李刚, 李恒山, 马玉薇, 等 . 膨胀珍珠岩泡沫玻璃制备及性能研究 [J] . 非金属矿, 2015 (1): 45-47.

[21] 戚昊, 何峰, 严芳玲, 等 . 利用钼尾矿制备微晶泡沫玻璃 [J] . 陶瓷学报, 2017, 38 (1): 76-81.

［22］刘浩，彭航，李进，等．利用油井土制备泡沫玻璃［J］．现代技术陶瓷，2018，39（1）：63-67.

［23］申鹏飞．粉煤灰泡沫玻璃性能分析与孔结构优化研究［D］．石河子：石河子大学，2018.

［24］张俊杰．垃圾焚烧灰渣制备泡沫微晶玻璃工艺及其机理［D］．北京：北京科技大学，2021.

［25］王海波，孙青竹，王本菊．烧结时间对高钛高炉渣-粉煤灰微晶泡沫玻璃的影响［J］．硅酸盐通报，2020，39（11）：3624-3628.

［26］王海波，孙青竹．烧结温度对粉煤灰-高钛高炉渣微晶泡沫玻璃孔结构与性能的影响［J］．中国陶瓷，2019，55（6）：36-40.

［27］申鹏飞，秦子鹏，田艳，等．稳泡剂对粉煤灰泡沫玻璃性能影响研究［J］．陶瓷学报，2018，39（3）：311-316.

［28］秦子鹏，李刚，田艳，等．制备工艺对粉煤灰泡沫玻璃孔结构的影响［J］．非金属矿，2018，41（6）：37-39.

［29］BERNARDO E. Micro-and macro-cellular sintered glass-ceramics from wastes［J］. Journal of the European Ceramic Society，2007，27（6）：2415-2422.

［30］FERNANDES H R，TULYAGANOV D U，FERREIRA JMF. Preparation and characterization of foams from sheet glass and fly ash using carbonates as foaming agents［J］. Ceramics International，2009，35（1）：229-235.

［31］MOHAMED E，SHAHSAVARI P，EFTEKHARIYEKTA B，et al. Preparation and Characterization of Glass Ceramic Foams Produced from Copper Slag［J］. Transactions of the Indian Ceramic Society，2015，74（1）：1-5.

［32］A BASHIRIA，A AMIRHOSSEINIA，S M MIRKAZEMIA，et al. Effect of Temperature and Water Glass Addition on the Microstructure and Physical Properties of Soda-Lime Foam Glass［J］. Glass Physics and Chemistry，2021，47（2）：83-90.

［33］E A YATSENKO，V A SMOLII，L V KLIMOVA，et al. Foam glass synthesis by the hydrate method based on different natural materials［J］. Glass and Ceramics，2020，77（3-4）：135-138.

［34］K S IVANOV. Foam-ceramic-glass synthesis using a mechanized extrusive method of batch preparation［J］. Glass and Ceramics，2020，76（9-10）：381-386.

［35］IVANOV KS. Preparation and Properties of Foam Glass-ceramic from Diatomite［J］. Journal of Wuhan University of Technology-Mater. Sci. Ed.，2018，33（2）：273-277.

［36］B S SEMUKHIN，O V KAZMINA，A Y VOLKOVA，et al. Physical characteristics of foam glass modified with zirconium dioxide［J］. Russian Physics Journal，2017，59（12）：2130-2136.

［37］N P STOCHERO，J O R DE SOUZA CHAMI，M. T. SOUZA，et al. Green Glass Foams from Wastes Designed for Thermal Insulation［J］. Waste and Biomass Valorization，2021（12）：1609-1620.

［38］N P SHABEL' SKAYA，E A YATSENKO，R P MEDVEDEV，et al. Application of Foam Glass Based on Glass Scrap and Plant Ash and Slag for the Preparation of Catalytically Active Materials［J］. Inorganic Materials，2020，56（7）：765-769.

［39］I S GRUSHKO. Computation of Foam Glass Thermal Field in the Annealing Process［J］. Glass Physics and Chemistry，2018，44（3）：228-233.

［40］I S GRUSHKO，M P MASLAKOV. Crystalline Phase Formation in a foam glass matrix and its effect on material performance［J］. Glass and Ceramics，2019，75（11-12）：465-470.

［41］HELENA MARIA DEYSEL，KENT BERLUTI，BAREND JACOBUS DU PLESSIS，et al. Glass foams from acid-leached phlogopite waste［J］. J Mater Sci，2020（55）：8050-8060.

［42］Y M SMIRNOV，D O BAIDZHANOV，E K IMANOV，et al. Energetics metrics for foam-glass concrete building products [J] . Glass and Ceramics，2020，77（7-8）：267-271.

[43] O V SUVOROVA，N K MANAKOVA，D V MAKAROV. Use of bulk industrial wastes in the production of glass foam materials [J] . Glass and Ceramics，2021，77（9-10）：384-389.

[44] ELENA A YATSENKO，BORIS M GOLTSMAN，LYUDMILA V KLIMOVA，et al. Peculiarities of foam glass synthesis from natural silica-containing raw materials [J] . Journal of Thermal Analysis and Calorimetry，2020（142）：119-127.

[45] 桂乾. 粉煤灰资源综合利用现状研究 [J] . 砖瓦，2021（2）：30-31.

[46] 田莉，于晓萌，秦津. 煤矸石资源化利用途径研究进展 [J] . 河北环境工程学院学报，2020，30（5）：31-36.

[47] 田怡然，张晓然，刘俊峰，等. 煤矸石作为环境材料资源化再利用研究进展 [J] . 科技导报，2020，38（22）：104-113.

[48] 姚苏琴，查文华，刘新权，等. 萍乡废弃煤矸石理化特性及热活化性能研究 [J] . 硅酸盐通报，2021（5）：1-10.

[49] 孙宁，李俊翰，杨绍利，等. 铁合金冶炼副产物微硅粉的性能及用途 [J] . 河南化工，2017，34（4）：7-10.

[50] 丁晴烨. 城市生活垃圾焚烧灰渣的资源化利用思考 [J] . 资源节约与环保，2016（6）：250.

[51] 刘志海. 我国废玻璃回收利用综述 [J] . 玻璃，2018（10）：1-8.

[52] CHOUDHARY R N P，BISWAJIT PATI，PIYUSH R DAS，et al. Development of electronic materials from industrial waste red mud [J] . Journal of Materials Science，2014，25（1）：202-216.

[53] 张旭华，张廷安，吕国志，等. 高铁-水硬铝石矿焙烧预处理溶出赤泥的沉降性能 [J] . 中国有色金属学报，2015，25（2）：500-507.

[54] HANNIAN GU，NING WANG，SHIRONG LIU. Radiological restrictions of using red mud as building material additive [J] . Waste Management & Research，2012，30（9）：961-965.

[55] PAPATHEODOROU G，PAPAEFTHYMIOU H，MARATOU A，et al. Natural radionuclides in bauxitic tailings（red-mud）in the Gulf of Corinth，Greece [J] . Radioprotection，2005，40（1）：549-555.

[56] 顾明明. Al_2O_3 赤泥综合利用关键技术研究进展 [J] . 轻金属，2014（4）：10-11，16.

[57] DANIEL VÉRAS RIBEIROA，JOÃO ANTÓNIO LABRINCHAB，MARCIO RAYMUNDO MORELLIA. Potential Use of Natural Red Mud as Pozzolan for Portland Cement [J] . Materials Research，2011，14（1）：60-66.

[58] VINCENZO M SGLAVO，RENZO CAMPOSTRINI，STEFANO MAURINA，et al. Bauxite "red mud" in the ceramic industry. Part 1：thermal behaviour [J] . Journal of the European Ceramic Society，2000（20）：235-244.

[59] 杨久俊，张磊，侯雪洁，等. 赤泥复合硅酸盐水泥的力学性能及其放射性研究 [J] . 天津城市建设学院学报，2012（1）：52-55.

[60] JIAKUAN YANG，BO XIAO. Development of unsintered construction materials from red mud wastes produced in the sintering alumina process [J] . Construction and Building Materials，2008（22）：2299-2307.

[61] 徐晓虹，周城，吴建锋，等. 赤泥质陶瓷清水砖的制备及坯釉结合机理 [J] . 武汉理工大学学报，2007，29（6）：8-11.

[62] SILVA A S，LABRINCHA J A，Morelli，et al. Rheological properties and hydration behavior of Portland cement mortars containing calcined red mud [J] . Canadian Journal of Civil Engineering，

2013，40（6）：557-566.

[63] 冯向鹏，刘晓明，孙恒虎，等．赤泥大掺量用于胶凝材料的研究［J］．矿产综合利用，2007
（4）：35-37.

[64] VIKTÓRIA FEIGL，ATTILA ANTON，NIKOLETT UZIGNER，et al. Red mud as a chemical
stabilizer for soil contaminated with toxic metals［J］．Water，Air & Soil Pollution，2012，223
（3）：1237-1247.

[65] CAO J，WANG Y，YAN Z，et al. Polystyrene microspheres-templated preparation of hierarchical
porous modified red mud with high rhodamine B dye adsorption performance［J］．Micro and Nano
Letters，2014，9（4）：229-231.

[66] KLAUBER C，GRÄFE M，POWER G. Bauxite residue issues：II. options for residue utilization［J］．
Hydrometallurgy，2011（108）：11-32.

[67] 黄迎超，王宁，万军，等．赤泥综合利用及其放射性调控技术初探［J］．矿物岩石地球化学通
报，2009，28（2）：128-130.

[68] 中华人民共和国国家质量监督检验检疫总局，中国国家标准化管理委员会．建筑材料放射性核素
限量：GB 6566—2010［S］．北京：中国标准出版社，2011.

[69] YANG QU，BIN LIAN. Bioleaching of rare earth and radioactive elements from red mud using Pen-
icillium tricolor RM-10［J］．Bioresource Technology，2013（136）：16-23.

[70] JÁNOS SOMLAI，VIKTOR JOBBÁGY，JÓZSEF KOVÁCS，et al. Radiological aspects of the usability
of red mud as building material additive［J］．Journal of Hazardous Materials，2008（150）：541-545.

[71] 顾汉念，王宁，张乃从，等．赤泥天然放射性水平及在建材领域制约性研究［J］．轻金属，2011
（5）：19-21.

[72] HONGTAO HE，QINYAN YUE，YUAN SU，et al. Preparation and mechanism of the sintered
bricks produced from Yellow River silt and red mud［J］．Journal of Hazardous Materials，2012
（203-204）：53-61.

[73] AMRITPHALE S S，ANSHUL A，CHANDRA N，et al. A novel process formaking radiopaque
materials using bauxite-red mud［J］．Journal of the European Ceramic Society，2007（27）：1945-
1951.

[74] SHUO QIN，BOLIN WU. Effect of self-glazing on reducing the radioactivity levels of red mud
based ceramic materials［J］．Journal of Hazardous Materials，2011（198）：269-274.

[75] 罗忠涛，张美香，王晓，等．建筑材料领域赤泥放射性屏蔽技术研究现状［J］．轻金属，2013
（9）：16-18.

[76] ZOLTÁN SASA，JÁNOS SZÁNTÓA，JÁNOS KOVÁCSB，et al. Influencing effect of heat-treat-
ment on radon emanation and exhalation characteristic of red mud［J］．Journal of Environmental
Radioactivity，2015（148）：27-32.

[77] JOBBÁGY V，SOMLAI J，KOVÁCS J，et al. Dependence of radon emanation of red mud bauxite pro-
cessing wastes on heat treatment［J］．Journal of Hazardous Materials，2009（172）：1258-1263.

[78] Pontikes Y，Vangelatos I，Boufounos D，et al. Environmental aspects on the use of Bayer's
process Bauxite Residue in the production of ceramics［J］．Advances in Science and Technology，
2006（45）：2176-2181.

[79] 张金梁，卢萍，杨桂生，等．微硅粉性能表征与综合利用研究现状分析［J］．矿冶，2020，29
（4）：116-122.

[80] 杨艳娟，王今华，白召军，等．双掺粉煤灰和硅灰透水混凝土的试验研究［J］．新型建筑材料，

2021（2）：78-80.

[81] 宁逢伟，蔡跃波，白银，等．膨胀剂和硅灰改善 C50 喷射混凝土抗渗性能的研究［J］．硅酸盐通报，2019，38（10）：3253-3259.

[82] 熊辉霞，张谦，李岩，等．粉煤灰和硅灰掺料对高性能混凝土氯离子扩散影响［J］．混凝土，2021（7）：95-97，102.

[83] 王帅．高钛矿渣-钢渣-硅灰复合矿物掺合料在混凝土中的应用研究［D］．绵阳：西南科技大学，2021.

[84] 阴琪翔，赵巍平，侯明姣，等．硅灰对混凝土耐硫酸腐蚀性能试验研究［J］．混凝土与水泥制品，2021（4）：23-26.

[85] 李瑶，邓永刚，徐长伟．掺纳米 SiO_2/粉煤灰/硅灰的钢纤维混凝土力学性能及界面的研究［J］．混凝土，2020（5）：60-63，68.

[86] TAMER I Ahmed. Infuence of Silica Fume and Fly Ash on Settlement Cracking Intensity of Plastic Concrete［J］. Iranian Journal of Science and Technology，Transactions of Civil Engineering，2021（45）：1633-1643.

[87] F A MUSTAPHA，A SULAIMAN，R N MOHAMED，et al. The effect of fly ash and silica fume on self-compacting high performance concrete［J］. Materials Today：Proceedings，https：//doi. org/10. 1016/j. matpr. 2020. 04. 493.

[88] CHANDER MOHAN KANSAL，RAJESH GOYAL. Effect of nano silica，silica fume and steel slag on concrete properties［J］. Materials Today：Proceedings，2021（45）：4535-4540.

[89] 郭宏伟，高档妮，莫祖学．泡沫玻璃生产技术［M］．北京：化学工业出版社，2014.

[90] 于泳，金祖权，邵爽爽，等．蒸养过程中水泥基材料抗拉性能试验研究［J］．材料导报，2021，35（14）：14052-14057.

[91] 王瑞阳，余剑英，韩晓斌，等．络合型外加剂与矿物掺合料对水泥基材料结构与性能的影响研究［J］．公路，2021（7）：249-254.

[92] 韩笑，冯竟竟，孙传珍，等．50℃养护下超细粉煤灰-水泥复合胶凝材料的性能研究［J］．建筑材料学报，2021，24（3）：473-482.

[93] 郭伟娜，张鹏，鲍玖文，等．粉煤灰掺量对应变硬化水泥基复合材料力学性能及损伤特征的影响［J］．建筑材料学报，2021-06-07. https：//kns. cnki. net/kcms/detail/31. 1764. TU. 20210607. 1628. 008. html.

[94] 冯琦，王宇斌．粉煤灰再生混凝土在干湿循环-抗硫酸盐侵蚀耦合条件下的耐久性研究［J］．混凝土，2021（5）：42-45，50.

[95] 于巧娣，李灿华，徐文珍，等．赤泥-粉煤灰烧结砖抗压强度影响因素分析研究［J］．新型建筑材料，2021（3）：29-31.

[96] 王海波，孙青竹，王本菊．烧结时间对高钛高炉渣-粉煤灰微晶泡沫玻璃的影响［J］．硅酸盐通报，2020，39（11）：3624-3628.

[97] 耿欣辉，卢金山，李映德．酸洗粉煤灰烧结莫来石陶瓷及其力学性能［J］．材料热处理学报，2020，41（2）：147-152.

[98] 王梓，陈鸿骏，薛泽洋，等．铁尾矿粉煤灰陶粒的制备与表征［J］．材料研究与应用，2020，14（3）：217-225.

[99] 管艳梅，陈伟，孙道胜，等．碳酸钙对磷渣，煤矸石烧结多孔微晶玻璃结构和性能的影响［J］．功能材料，2021，52（4）：4105-4109.

[100] 谢志翔，李月明，洪燕，等．发泡剂含量和发泡温度对无碱玻璃纤维废丝制备泡沫玻璃的性能

影响 [J]. 中国陶瓷, 2016, 52 (11): 58-62.

[101] 唐智恒. 发泡剂对钼尾矿基泡沫玻璃的黏度和导热系数影响研究 [D]. 包头: 内蒙古科技大学, 2019.

[102] 吴晓鹏, 詹学武, 邢益强, 等. 以 SiC 微粉为发泡剂制备花岗岩基泡沫陶瓷 [J]. 耐火材料, 2020, 54 (4): 296-299.

[103] 温晓庆, 王林俊, 毕晟, 等. 尾矿和发泡剂对发泡陶瓷板 (砖) 的性能影响 [J]. 砖瓦, 2019 (12): 47-50.

[104] 张冬梅, 杨永红, 阚欣荣, 等. 烧成温度和发泡剂对粉煤灰泡沫陶瓷的性能影响 [J]. 工业技术与职业教育, 2019, 17 (1): 10-11, 17.

[105] 谢武明, 张文治, 周峰平, 等. 煤粉发泡剂对赤泥陶粒烧胀特性的影响 [J]. 环境工程学报, 2017, 11 (12): 6458-6464.

[106] 冯桢哲, 张长森, 张莉, 等. 发泡剂在泡沫玻璃中的应用 [J]. 硅酸盐通报, 2017, 36 (7): 2293-2300.

[107] 樊晓阳. 发泡剂对冶炼渣制备多孔陶瓷性能影响研究 [D]. 包头: 内蒙古科技大学, 2020.

[108] 安迪, 杜景红, 邱哲生, 等. 发泡剂对多孔氧化铝陶瓷孔结构和抗弯强度的影响 [J]. 硅酸盐通报, 2020, 39 (7): 2248-2252.

[109] LUCIAN PAUNESCU, MARIUS FLORIN DRAGOESCU, SORIN MIRCEA AXINTE. Use of natural dolomite as a cheap foaming agent for producing glass foams from glass waste in the microwave field [J]. Journal of Engineering Studies and Research, 2020, 26 (1): 57-64.

[110] ANKUR BISHT, BRIJESH GANGIL, VINAY KUMAR PATEL. Selection of blowing agent for metal foam production: A review [J]. Journal of Metals, Materials and Minerals, 2020, 30 (1): 1-10.

[111] YA NAN QU, WEN LONG HUO, XIAO QING XI, et al. High porosity glass foams from waste glass and compound blowing agent [J]. 2016, 23 (6): 1451-1458.

[112] WENYING ZHOU, WEN YAN, NAN LI, et al. Fabrication of mullite-corundum foamed ceramics for thermal insulation and effect of micro-pore-foaming agent on their properties [J]. Journal of Alloys & Compounds, 2019 (785): 1030-1037.

[113] JAKOB KONIG, RASMUS R PETERSEN, NIELS IVERSEN, et al. Application of foaming agent-oxidizing agent couples to foamed-glass formation [J]. Journal of Non-Crystalline Solids, 2021 (553): 120469.

[114] 左李萍, 陆雷, 朱凯华. 泡沫微晶玻璃的发泡剂和稳泡剂的选择 [J]. 中国陶瓷, 2012, 48 (10): 25-27, 77.

[115] 侯婷. 以沸石为造孔剂制备泡沫玻璃的研究 [J]. 景德镇: 景德镇陶瓷学院, 2013.

[116] 申鹏飞, 秦子鹏, 田艳, 等. 稳泡剂对粉煤灰泡沫玻璃性能影响研究 [J]. 陶瓷学报, 2018, 39 (3): 311-316.

[117] 陆金驰, 陈凯, 李东南. 利用煤粉炉渣制备微晶泡沫玻璃的研究 [J]. 中国陶瓷, 2012, 48 (8): 52-55.

[118] 张立涛, 王超, 杨合. 利用含硼废渣制备泡沫玻璃 [C]. 中国环境科学学会学术年会论文集, 2013.

[119] 杨卓晓, 李明照, 吴翔. 添加剂对镁还原渣泡沫玻璃性能的影响 [J]. 有色金属 (冶炼部分), 2017 (2): 29-31, 54.

[120] 张辉, 李安林, 曾小州. 以赤泥为助熔剂制备长石质发泡陶瓷 [J]. 硅酸盐通报, 2019, 38

(12)：4002-4006.

[121] 王承遇，温暖心，杨子发. 硼矿渣助熔剂在玻璃熔制中的应用［J］. 玻璃与搪瓷，2019，47（3）：24-27.

[122] 徐长伟，陈勇，孟琦涵，等. 助熔剂对 CaO-MgO-Al$_2$O$_3$-SiO$_2$ 系微晶玻璃烧结和性能的影响［J］. 材料导报，2015，29（11）：443-445，488.

[123] 刘军，欧洋，徐长伟，等. 助熔剂对一次烧结法制取建筑微晶玻璃烧结性的影响［J］. 沈阳建筑大学学报（自然科学版），2008，24（3）：433-437.

[124] 谢远红. 助熔剂对氧化铝陶瓷结构及性能影响的研究［J］. 陶瓷学报，2007，28（3）：177-180.

[125] 赵田贵，王美兰，徐和良. 不同助熔剂对低熔点玻璃粉始熔温度的影响［J］. 陶瓷，2017（8）：19-22.

[126] 王安辉，潘春宇，黄益平，等. 煤系偏高岭土对煤矸石混凝土性能的影响研究［J］. 混凝土与水泥制品，2021-07-07. https：//kns. cnki. net/kcms/detail/32. 1173. TU. 20210706. 1751. 012. html.

[127] 陈彦文，吴晓丹，李硕. 自燃煤矸石加气混凝土性能与孔结构研究［J］. 混凝土，2021（5）：27-31，35.

[128] 王长龙，张凯帆，左伟，等. 煤矸石粉煤灰加气混凝土的制备及性能［J］. 材料导报，2020，34（12）：24034-24039.

[129] 邱继生，王斌，关虓，等. 冻融作用下煤矸石陶粒混凝土力学性能衰减规律研究［J］. 新型建筑材料，2020（9）：159-162，172.

[130] 张林春，张爱莲，王倩，等. 掺煤矸石泡沫混凝土制备及力学性能［J］. 硅酸盐通报，2020，39（9）：2800-2806.

[131] 孙晓刚，马征宇，赵家琪，等. 黄金尾砂和煤矸石协同制备发泡陶瓷及其性能研究［J］. 金属矿山，2021-04-21. https：//kns. cnki. net/kcms/detail/34. 1055. TD. 20210420. 1745. 002. html.

[132] 石纪军，邓一星，孙国梁. 尾砂和煤矸石制备闭孔泡沫陶瓷的导热性能研究［J］. 新型建筑材料，2020（12）：103-106.

[133] 王琨，冯荣，孟凡然，等. 预留大孔对煤矸石制备发泡陶瓷保温材料性能的影响［J］. 新型建筑材料，2020（11）：24-27，32.

[134] 娄广辉，金彪，姜卫国，等. 利用煤矸石制备泡沫陶瓷的研究［J］. 硅酸盐通报，2020，39（4）：1272-1276.

[135] 甄强，王方方，王亚丽，等. 煤矸石制备多孔复相陶瓷材料及导热系数研究［J］. 硅酸盐通报，2014，33（11）：2796-2801，2808.

[136] 刘谦，郭玉森，仲涛，等. 高火山灰活性煅烧煤矸石添加量对水泥抗压强度的影响［J］. 硅酸盐通报，2021，40（3）：936-942.

[137] 陈杉，杨莉荣，邢婉婉，等. 利用煤矸石生产优质 G 级油井水泥的试验研究［J］. 水泥工程，2020（5）：13-15，19.

[138] 吴振华，何静. 煤矸石对水泥抗压强度性能的影响［J］. 混凝土，2020（7）：81-83.

[139] 陈杰，水中和，孙涛，等. 活化煤矸石在水泥基材料中的早期水化动力学研究［J］. 硅酸盐通报，2019，38（7）：1983-1990.

[140] 尹青亚，娄广辉，李峰，等. 工业废渣煤矸石和赤泥烧制多孔砖工艺性能研究［J］. 新型建筑材料，2020（4）：73-76.

[141] 刘灏，李青，黄秉章，等. 煤矸石烧结页岩砖材的耐久性研究［J］. 材料导报，2019，33（Z2）：229-232.

[142] 丁海萍，侯泽健，张怀宇．以褐煤粉煤灰和煤矸石为原料制备透水砖的工艺研究［J］．新型建筑材料，2019 (6)：72-75.

[143] 徐芹．煤矸石制备多孔保温砖工艺优化及烧结机理探讨［J］．化工装备技术，2021, 42 (2)：12-15.

[144] 郭显胜．城市生活垃圾焚烧灰渣熔融工艺的数值模拟［D］．沈阳：东北大学，2013.

[145] 章骅，何品晶．城市生活垃圾焚烧灰渣的资源化利用［J］．环境卫生工程，2002, 18 (1)：6-10.

[146] 冯乃谦，邢锋．生态水泥及应用［J］．混凝土与水泥制品，2000, 58 (6)：18-21.

[147] 岳鹏，施惠生，袁玲，等．用城市生活垃圾焚烧灰渣制备建筑材料的研究［J］．粉煤灰综合利用，2003, 36 (1)：28-30.

[148] 祁非，高飞．城市生活垃圾焚烧灰渣作为水泥混合材的试验研究［J］．水泥工程，2009, 47 (4)：84-86.

[149] 张育才，周光波，黄岚，等．垃圾焚烧灰用于水泥混合材的研究［J］．昆明冶金高等专科学校学报，2012, 28 (3)：1-3.

[150] 南京天合嘉能再生资源有限公司．垃圾焚烧底灰免烧陶粒及其制备方法［P］．中国：CN201610881358.9，2017-05-10.

[151] 曹兴国．生活垃圾焚烧灰渣应用于高速公路路面基层的试验研究［D］．南京：南京航空航天大学，2009.

[152] IAWG (the International Ash Working Group; CHANDLER A J, EIGHMY T T, HARTLEN J, et al). Municipal solid waste incinerator residues［M］．Amsterdam：Elsevier Science, 1997：339-478.

[153] VAN DER SLOOT H A, KOSSON D S, HJELMAR O, et al. Characteristics, treatment and utilization of residues from municipal waste incineration［J］．Waste Management, 2001, 21 (8)：753-765.

[154] WILES C C, SHEPHERD P. Beneficial use and recycling of municipal waste combustion residues-a comprehensive resource document［R］．USA：National Renewable Energy laboratory, 1999.

[155] T MANGIALARDI. Sintering of MSW fly ash for reuse as a concrete aggregate［J］．Journal of Hazardous Materials, 2001, 87 (1)：87-100.

[156] M MARQUES, W. HOGLAND. Hydrological performance of MSW incineration residues and MSW co-disposed with sludge in full-scale cells［J］．Waste Management, 2003, 87 (6)：469-481.

[157] LAM CHARLES H K, IP ALVIN W M, BARFORD JOHN PATRICK, et al. Use of Incineration MSW Ash: A Review［J］．Sustainability, 2010, 68 (7)：1943-1968.

[158] C H JUNG, T MATSUTO, N TANAKA, et al. Metal distribution in incineration residues of municipal solid waste (MSW) in Japan［J］．Waste Management, 2004, 45 (4)：381-391.

[159] S Q LI, Y CHI, R D LI, et al. Axial transport and residence time of MSW in rotary kilns: Part Ⅱ. Theoretical and optimal analyses［J］．Powder Technology, 2002, 126 (3)：45-60.

[160] V RIBÉ, E NEHRENHEIM, M ODLARE, et al. Assessment of mobility and bioavailability of contaminants in MSW incineration ash with aquatic and terrestrial bioassays［J］．Waste Management, 2014, 34 (10)：5-10.

[161] CHRIS CHAN, CHARLES Q JIA, JOHN W. GRAYDON, et al. The behaviour of selected heavy metals in MSW incineration electrostatic precipitator ash during roasting with chlorination

agents［J］. Journal of Hazardous Materials，1996，50（1）：18-20.

［162］SE SAWELL，AJ CHANDLER，TT EIGHMY，et al. An international perspective on the characterisation and management of residues from MSW incinerators［J］. Biomass and Bioenergy，1995，9（1）：71-79.

［163］李瑜琴. 我国城市垃圾处理研究［J］. 陕西师范大学学报（自然科学版），2004，105（2）：6-8.

［164］苏丹. X射线荧光光谱法无标样分析测定粉煤灰中主次量元素［J］. 湖南有色金属，2016，32（3）：76-78.

［165］陈江峰，邵龙义，魏思民，等. 高铝粉煤灰合成莫来石的 SEM 和 XRD 研究［J］. 矿物岩石地球化学通报，2007，121（2）：144-148.

［166］黎强，陈昌，杨玉芬，等. 粉煤灰的微观结构与脱炭方法的实验比较［J］. 选煤技术，2003，92（1）：11-13.

［167］齐琪，袁京，李赟，等. 生活垃圾制备 RDF 工艺参数及其热特性研究［J］. 中国环境科学，2017，37（3）：1051-1057.

［168］叶东忠. 不同助磨剂对粉煤灰火山灰活性影响的研究［J］. 粉煤灰，2010，22（2）：3-6.

［169］田文玉. 建筑材料质量控制与检测［M］. 重庆：重庆大学出版社，2006.

［170］林宗寿. 水泥工艺学［M］. 武汉：武汉理工大学出版社，2012.

［171］张巨松. 混凝土学［M］. 哈尔滨：哈尔滨工业大学出版社，2011.

［172］包安锋. 城市生活垃圾焚烧灰渣的分析及处理［J］. 科技信息，2012（8）：57-58.